RECHENTIGER 1

Herausgegeben von
Thomas Laubis

Erarbeitet von
Thomas Laubis
Ida Sagner

W0057987

Bestell-Nr. 1506-26, ISBN 978-3-619-15626-9
© 2017 Mildenberger Verlag GmbH, 77610 Offenburg

www.mildenberger-verlag.de
E-Mail: info@mildenberger-verlag.de

Auflage 7 6 5 4
Jahr 2023 2022 2021 2020

Redaktion: Gabriele Achilles
Illustrationen: tiff.any GmbH/Jacqueline Urban (Figur „Mathetiger" nach einer Idee von Judith Heusch)
Layoutkonzeption: Moritz Lang – Büro für Gestaltung, Offenburg
Gestaltung und Satz: tiff.any GmbH, Berlin
Druck: Kern GmbH, 66450 Bexbach

Mildenberger

Inhaltsverzeichnis

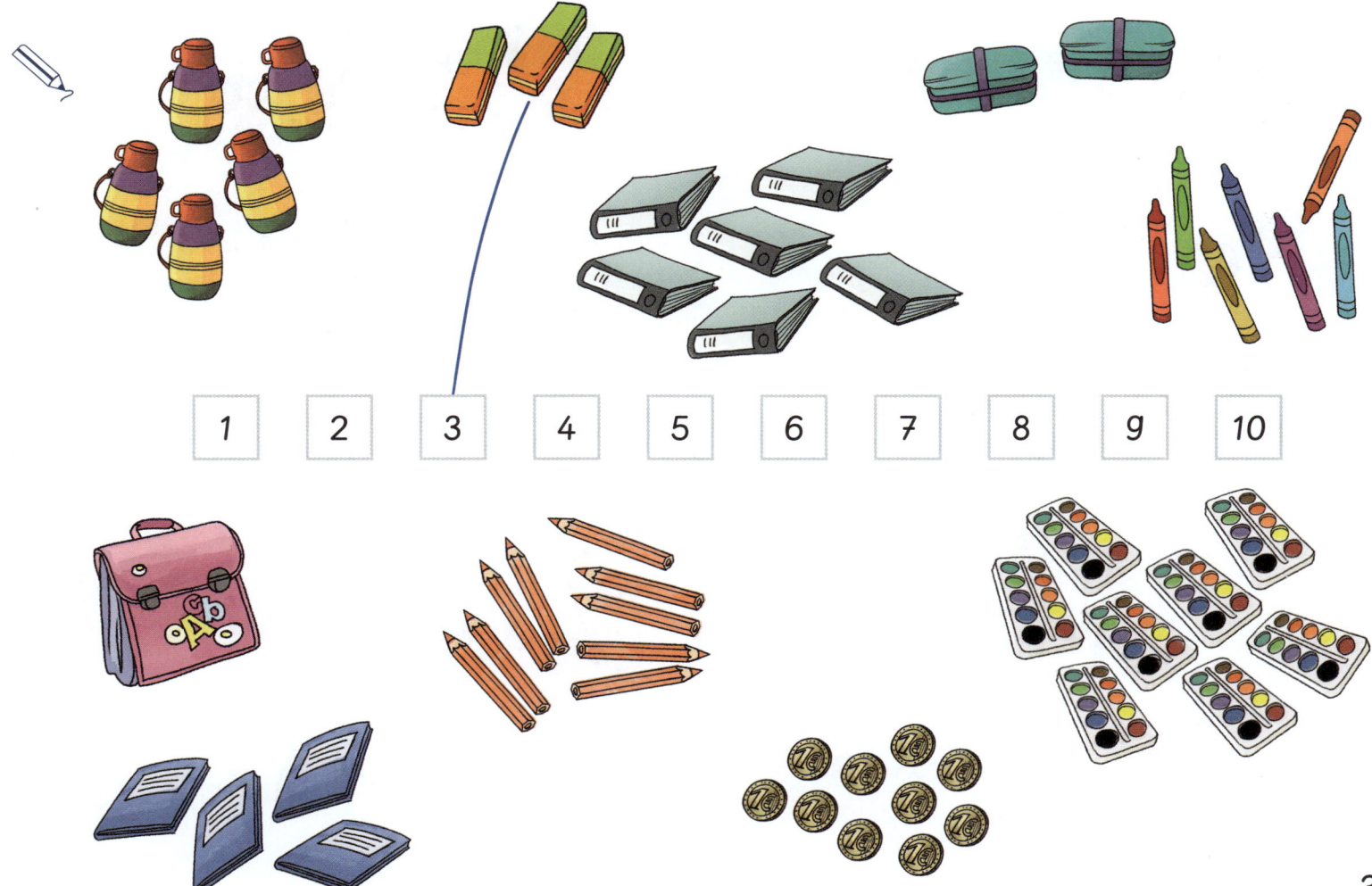

1 2 3 4 5 6 7 8 9 10

3

Strichlisten erstellen

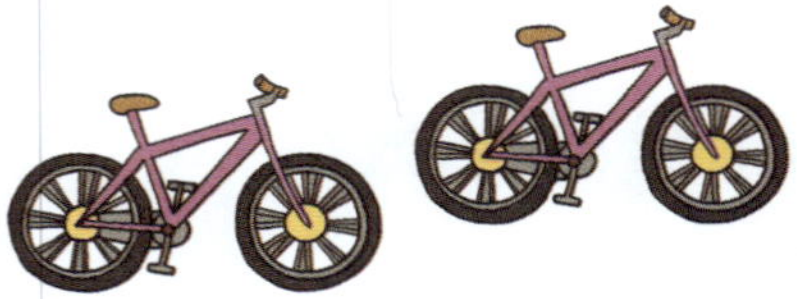

II

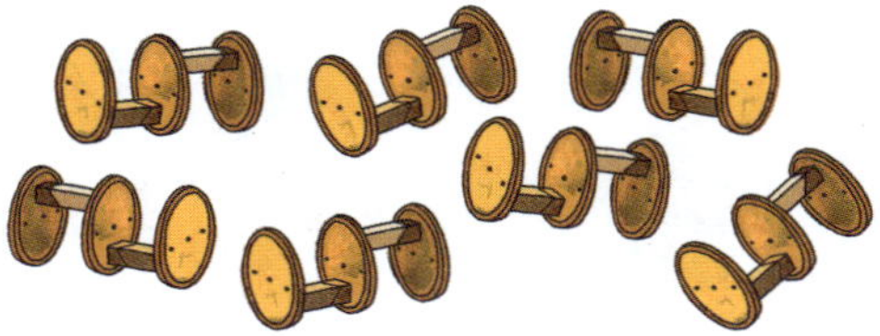

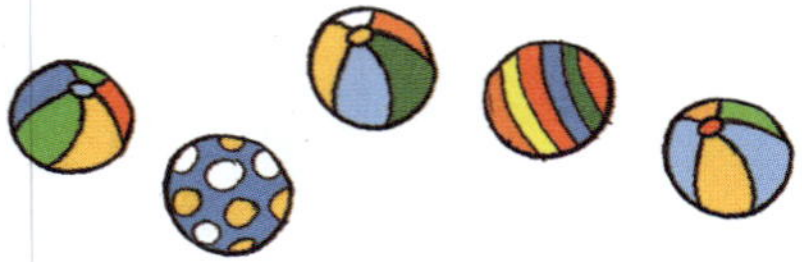

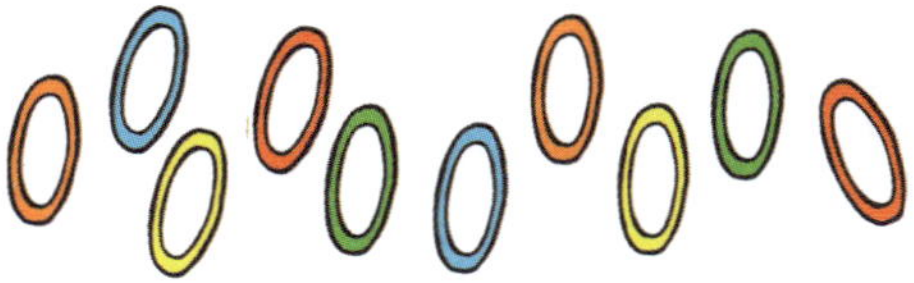

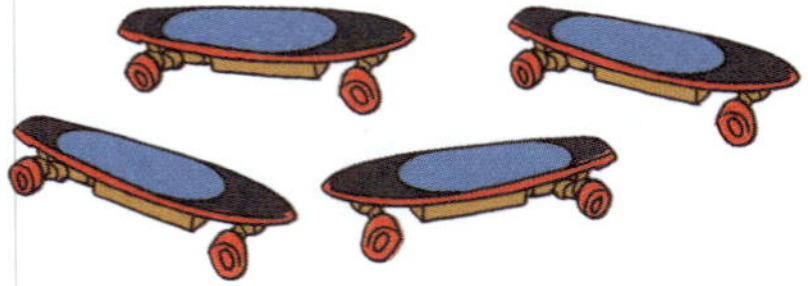

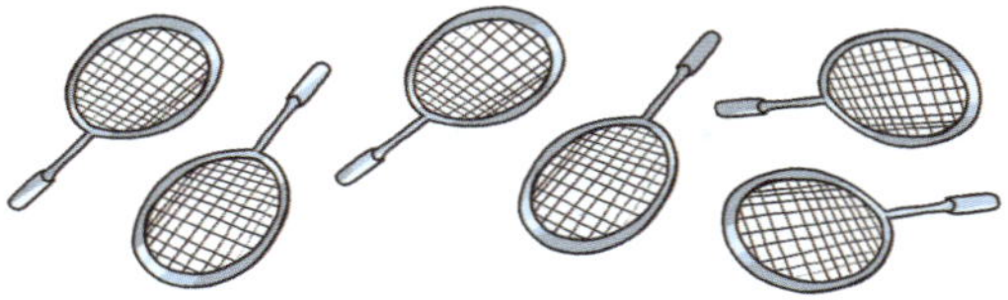

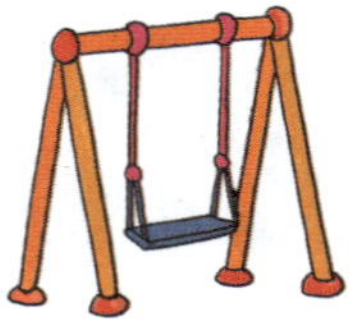

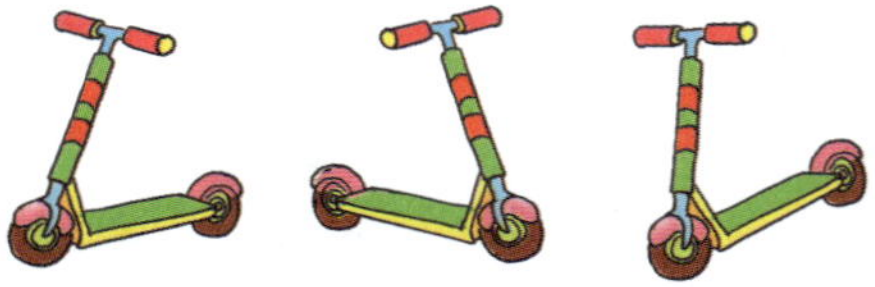

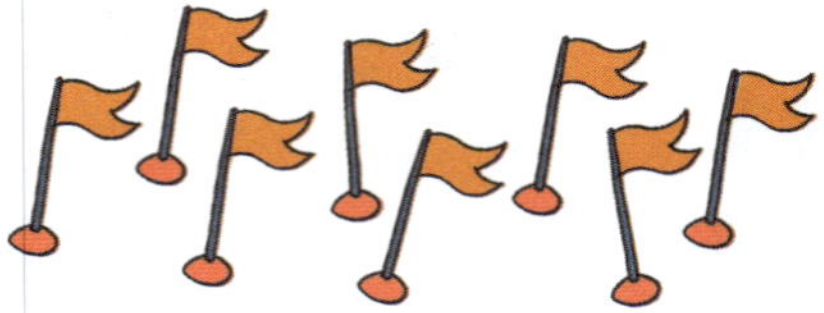

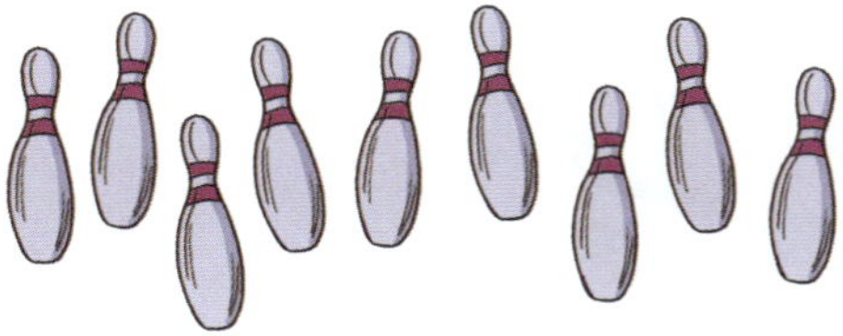

Mengen bündeln

Immer 4

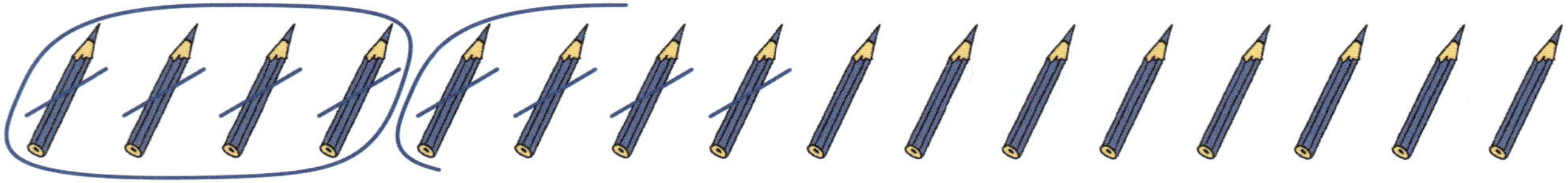

Immer 3

Immer 5

Immer 6

Immer 2

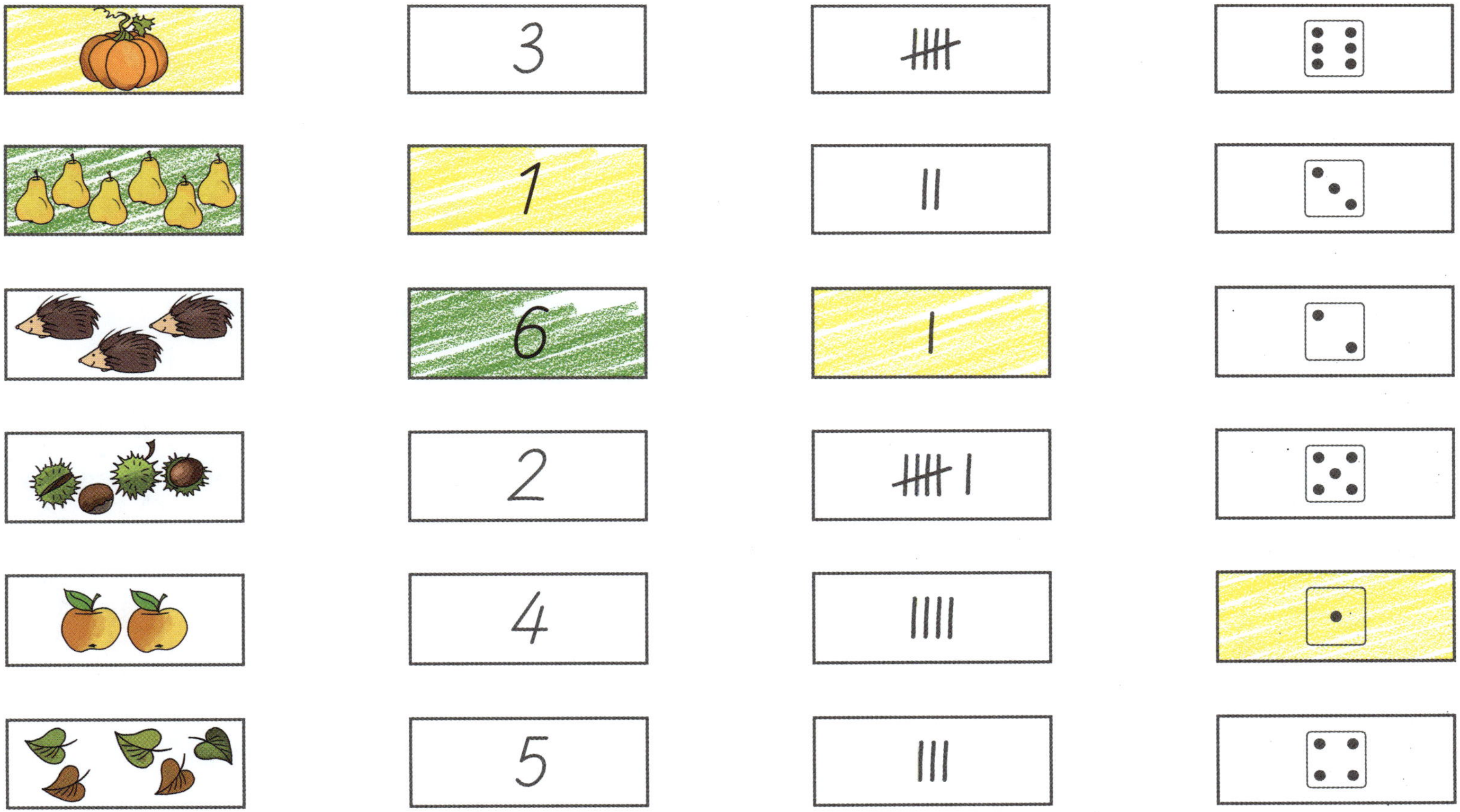

🎃	3	卌	⚅
🍐🍐🍐🍐🍐	1	||	⋮
🦔🦔	6			⋅
🌰🌰🌰	2	卌 I	⁙
🍎🍎	4	||||	⚀
🍂🍂🍂	5	|||	⚃

☺ ☺ ☹

Wie gut kannst du diese Aufgaben? Male das passende Gesicht an.

7

Zahlen im Zwanzigerfeld

1

4

8

10

9

7

1

2

3

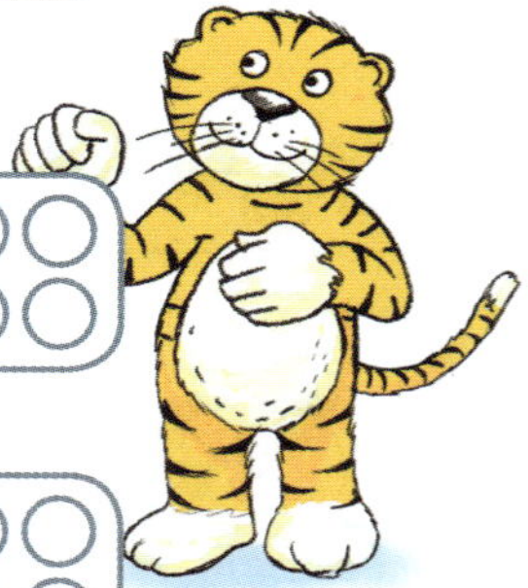

1

0 1 2 □ 4 □ 6 □ 8 □ 10

10 9 □ 7 □ □ 4 3 □ □ 0

2

3 4 □ □

□ 5 □ 7

6 □ □ 9

8 7 □ □

□ 3 □ 1 □

□ 9 □ 7

9

Das Plus-Zeichen

$$\begin{array}{c} 4 \\ \hline 2 + 2 \end{array}$$

$$\begin{array}{c} 5 \\ \hline 3 + \end{array}$$

+

+

+

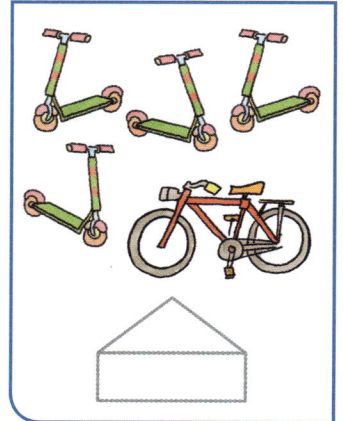

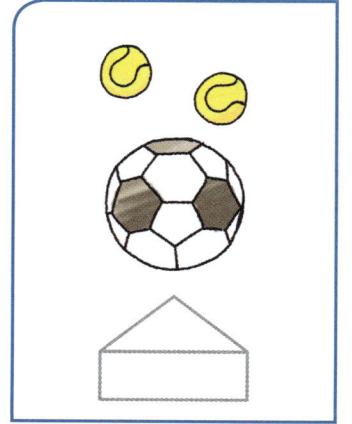

3

0 + 3
1 + 2
2 + 1
3 + 0

4

0 + 4
1 + 3
2 + 2
3 + 1
4 + 0

5

0 + 5
1 + 4
2 + 3
3 + 2
4 + 1
5 + 0

6

0 + 6
1 + 5
2 +
3 +

6

4 +
5 +
6 +

5

4 + 1

2 + 1

2 + 4

0 + 1

2 + 0

2 + 2

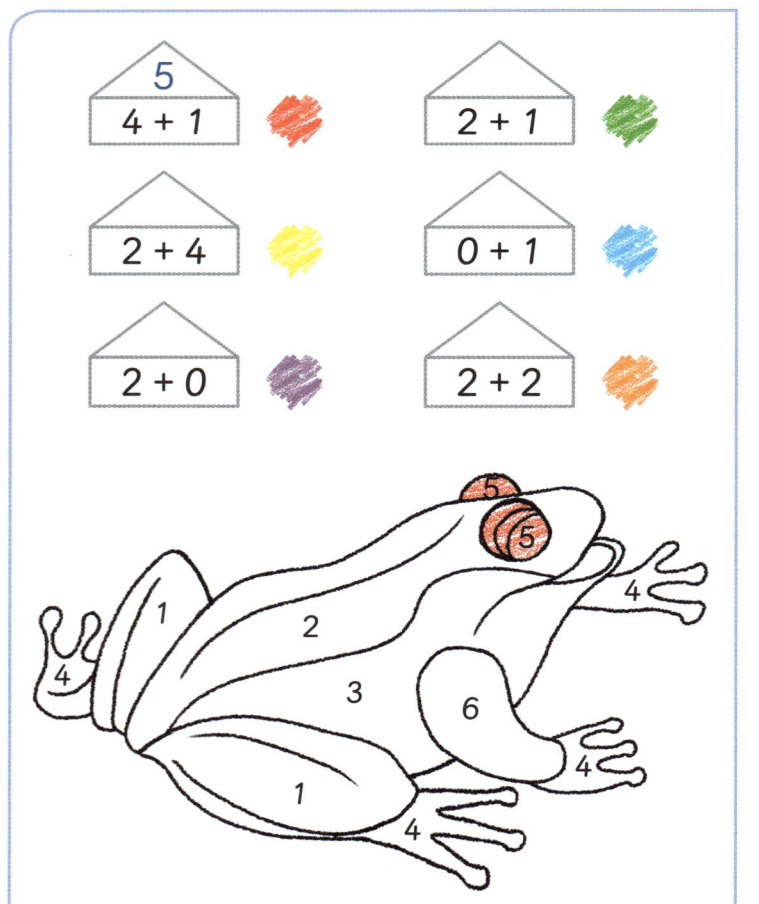

3 + 1

0 + 6

3 + 2

0 + 3

1 + 0

1 + 1

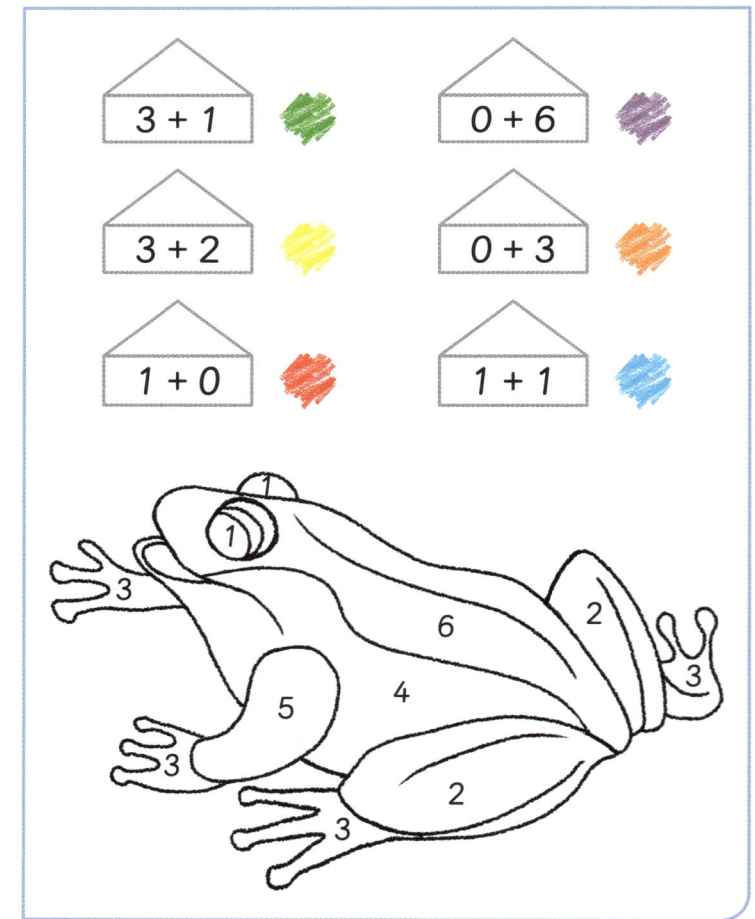

Wenn die Frösche genau gleich aussehen,
hast du die Aufgaben richtig gelöst.

Größer, kleiner, gleich

1

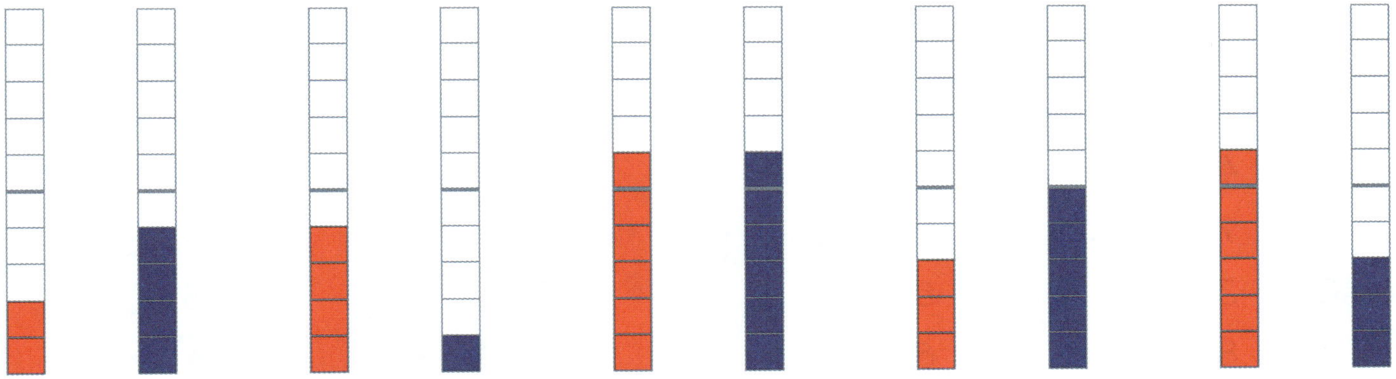

| 2 | < | 4 | | ⬜ | ⚪ | ⬜ | | ⬜ | ⚪ | ⬜ | | ⬜ | ⚪ | ⬜ | | ⬜ | ⚪ | ⬜ |

2

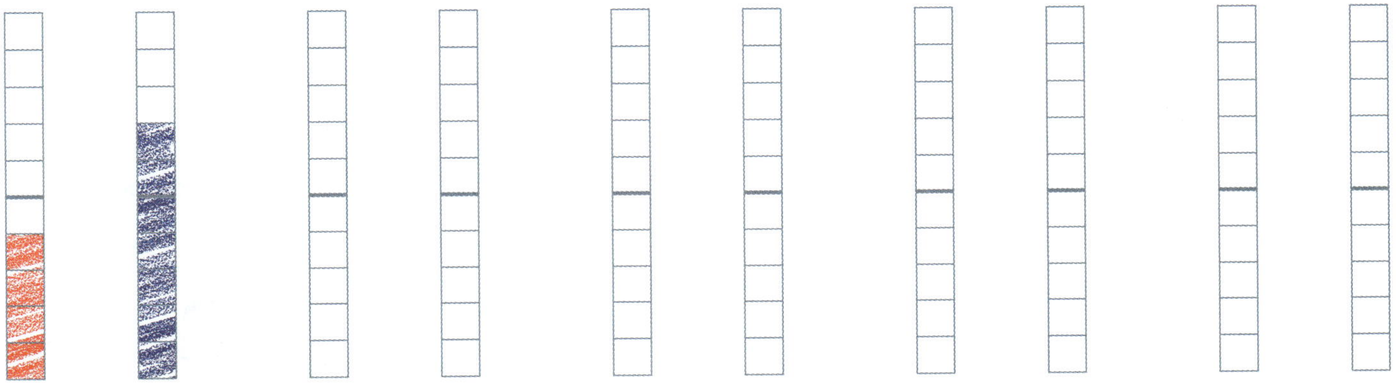

4 < 7   5 ⚪ 3   10 ⚪ 8   5 ⚪ 5   10 ⚪ 0

13

1 Setze ein: >, < oder =

1 < 2	9 ○ 6	5 ○ 10	8 ○ 4
5 ○ 4	10 ○ 0	7 ○ 9	4 ○ 4
4 ○ 7	2 ○ 3	10 ○ 10	8 ○ 7
6 ○ 3	6 ○ 6	10 ○ 8	6 ○ 5
8 ○ 8	6 ○ 9	5 ○ 7	4 ○ 3

2

3 > 1	0 < □	□ > 7	□ < 3
7 > □	6 > □	□ = 5	7 < □
2 < □	5 < □	□ > 4	□ = 6
4 = □	1 > □	□ < 10	4 > □
8 > □	9 > □	□ < 8	□ > 2

14

Plusaufgaben im Zwanzigerfeld

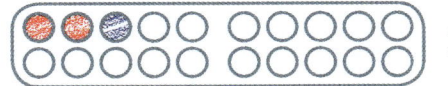 $2 + 1 =$ 3

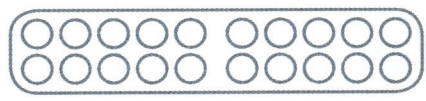 $1 + 7 =$

$3 + 2 =$

$2 + 2 =$

$4 + 3 =$

$0 + 6 =$

 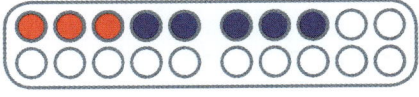 $2 + 4 =$

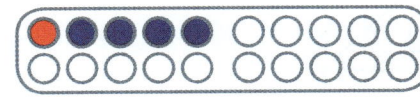 $ + =$

$ + =$

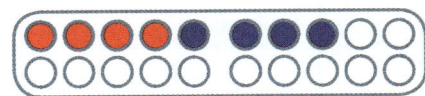 $ + =$

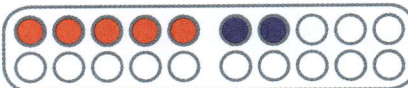 $ + =$

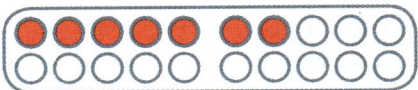 $ + =$

1

7

0 + 7
1 + 6
2 +
3 +

7

4 +
5 +
6 +
7 +

2

8

3 + 5
6 + 2
1 +
5 +

8

2 +
0 +
7 +
4 +
8 +

16

4

0 + 4
1 + 3
2 + □
□ + 1
□ + 0

3

0 + □
1 + □
2 + □
□ + 0

2

0 + □
1 + □
□ + 0

8

0 + □
1 + □
2 + □
3 + □
4 + □
□ + 3
□ + 2
□ + 1
□ + 0

5

0 + □
1 + □
2 + □
3 + □
□ + 1
□ + 0

6

0 + □
1 + □
2 + □
3 + □
□ + 2
□ + 1
□ + 0

7

0 + □
1 + □
2 + □
3 + □
4 + □
□ + 2
□ + 1
□ + 0

17

1

```
    4
    2 +
```

```
    +
```

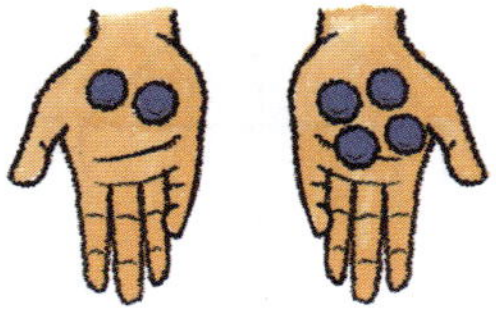

```
    +
```

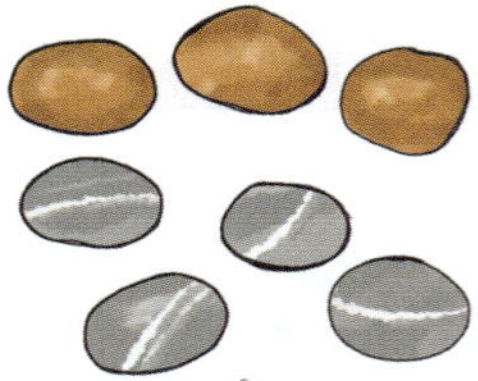

```
    +
```

☺ 😐 ☹

2

3
```
0 +
1 +
  +
  +
```

5
```
0 +
1 +
2 +
3 +
  + 1
  + 0
```

6
```
0 +
1 +
2 +
  +
  +
  +
```

8
```
0 +
1 +
2 +
  +
  +
  +
```

☺ 😐 ☹

18

Wie gut kannst du diese Aufgaben? Male das passende Gesicht an.

$2 + 2 = 4$

$4 + \boxed{} = \boxed{}$

$5 + \boxed{} = \boxed{}$

$\boxed{} + 4 = \boxed{}$

$\boxed{} + \boxed{} = \boxed{}$

$\boxed{} + \boxed{} = \boxed{}$

$\boxed{} + \boxed{} = \boxed{}$

$\boxed{} + \boxed{} = \boxed{}$

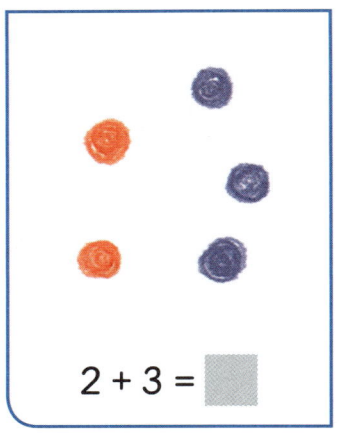

2 + 3 =

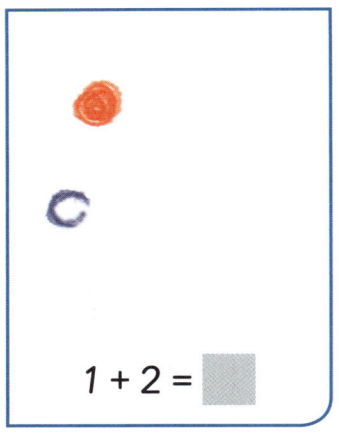

1 + 2 =

5 + 1 =

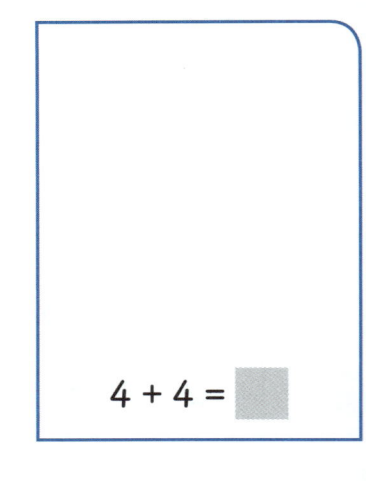

4 + 4 =

2 + 5 =

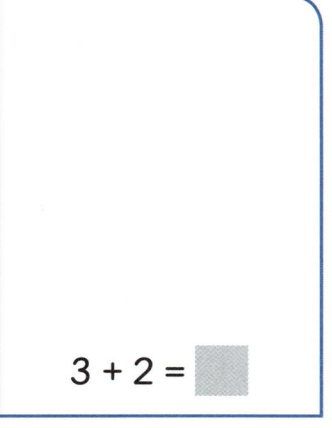

3 + 2 =

4 + 3 =

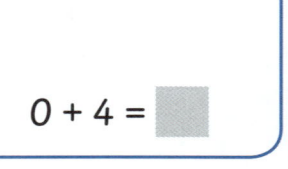

0 + 4 =

Plusaufgaben üben

1

$1 + 1 = \boxed{2}$

$1 + 3 = \;$

$1 + 5 = \;$

$1 + 7 = \;$

$2 + 0 = \;$

$2 + 2 = \;$

$2 + 4 = \;$

$2 + 6 = \;$

$4 + 1 = \;$

$4 + 2 = \;$

$4 + 3 = \;$

$4 + 4 = \;$

$2 + 6 = \;$

$1 + 7 = \;$

$3 + 5 = \;$

$0 + 8 = \;$

2

$5 + 0 = \;$

$5 + 1 = \;$

$5 + 2 = \;$

$5 + 3 = \;$

$6 + 1 = \;$

$7 + 0 = \;$

$3 + 4 = \;$

$2 + 5 = \;$

$1 + 0 = \;$

$0 + 3 = \;$

$5 + 0 = \;$

$0 + 7 = \;$

$3 + 3 = \;$

$2 + 4 = \;$

$1 + 5 = \;$

$0 + 6 = \;$

3 Richtig ✓ oder falsch ✗ ?

$2 + 1 = 3$ ✓ _____

$4 + 1 = 6$ ✗ _4 + 1 = 5_

$3 + 2 = 5$ ⬜ _____

$3 + 4 = 6$ ⬜ _____

$3 + 3 = 5$ ⬜ _____

$1 + 6 = 7$ ⬜ _____

21

$1 + 1 = 2$

$0 + 2 = \boxed{2}$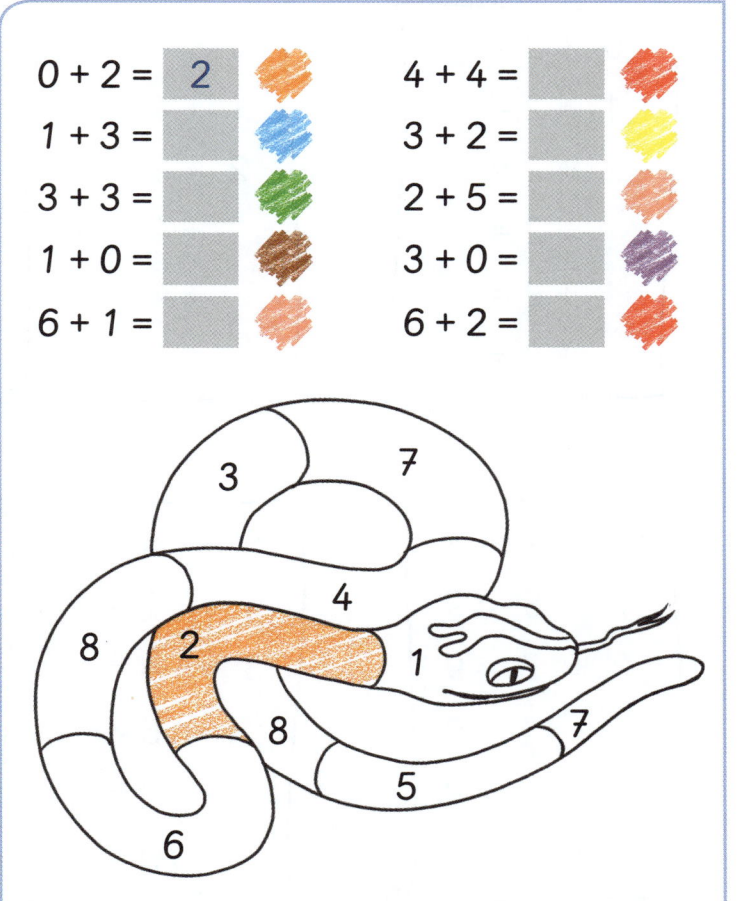
$1 + 3 = \boxed{}$
$3 + 3 = \boxed{}$
$1 + 0 = \boxed{}$
$6 + 1 = \boxed{}$

$4 + 4 = \boxed{}$
$3 + 2 = \boxed{}$
$2 + 5 = \boxed{}$
$3 + 0 = \boxed{}$
$6 + 2 = \boxed{}$

$5 + 0 = \boxed{}$
$2 + 1 = \boxed{}$
$1 + 5 = \boxed{}$
$4 + 3 = \boxed{}$
$1 + 1 = \boxed{}$

$1 + 3 = \boxed{}$
$4 + 2 = \boxed{}$
$5 + 3 = \boxed{}$
$1 + 4 = \boxed{}$
$0 + 0 = \boxed{}$

Wenn die Schlangen genau gleich aussehen,
hast du die Aufgaben richtig gelöst.

1

1 + 1 = 2	
1 + 2 = 3	
1 + 3 = ☐	
1 + ☐ = ☐	
1 + ☐ = ☐	
1 + ☐ = ☐	

3 + 0 = ☐
3 + 1 = ☐
3 + 2 = ☐
3 + ☐ = ☐
3 + ☐ = ☐
3 + ☐ = ☐

0 + 2 = ☐
1 + 2 = ☐
2 + 2 = ☐
☐ + 2 = ☐
☐ + 2 = ☐
☐ + 2 = ☐

0 + 4 = ☐
1 + 4 = ☐
2 + 4 = ☐
☐ + 4 = ☐
☐ + 4 = ☐
☐ + 4 = ☐

2

10 + 0 = 10
9 + 1 = 10
☐ + 2 = 10
☐ + ☐ = 10
☐ + ☐ = 10
☐ + ☐ = 10

1 + 1 = ☐
2 + 1 = ☐
3 + 1 = ☐
☐ + ☐ = ☐
☐ + ☐ = ☐
☐ + ☐ = ☐

0 + 9 = 9
1 + 8 = 9
☐ + 7 = 9
☐ + ☐ = 9
☐ + ☐ = 9
☐ + ☐ = 9

5 + 0 = ☐
4 + 2 = ☐
3 + 4 = ☐
☐ + 6 = ☐
☐ + 8 = ☐
☐ + 10 = ☐

1

$0 + 9$
$1 + 8$
$2 + 7$
$3 + 6$
$4 + 5$

9

$5 + 4$
$6 + 3$
$7 + $
$8 + $
$9 + $

9

2

$0 + 10$
$1 + 9$
$2 + $
$3 + $
$4 + $
$5 + $

10

$6 + $
$7 + $
$ + $
$ + $
$ + $

10

25

Zerlegungen der Zahlen 9 und 10

1)

9 = 2 + ☐ 9 = 1 + ☐ 9 = ☐ + 2 9 = 1 + 6 + ☐

9 = 4 + ☐ 9 = 3 + ☐ 9 = ☐ + 0 9 = 3 + 4 + ☐

9 = 6 + ☐ 9 = 5 + ☐ 9 = ☐ + 1 9 = 2 + 3 + ☐

9 = 8 + ☐ 9 = 7 + ☐ 9 = ☐ + 3 9 = 5 + 2 + ☐

2)

10 = 3 + ☐ 10 = ☐ + 0 10 = 3 + 2 + ☐ 10 = 4 + 6 + ☐

10 = 2 + ☐ 10 = ☐ + 9 10 = 5 + 3 + ☐ 10 = 2 + 4 + ☐

10 = 6 + ☐ 10 = ☐ + 5 10 = 0 + 2 + ☐ 10 = 3 + 6 + ☐

10 = 1 + ☐ 10 = ☐ + 8 10 = 4 + 3 + ☐ 10 = 0 + 1 + ☐

3) Partnerzahlen zur 10

9   8   5   1   2   10

0   4   3   5   6   7

1

☐ + ☐ = ☐

☐ + ☐ = ☐

☐ + ☐ = ☐

2

 4 + 5 = ☐

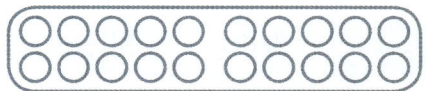 3 + 7 = ☐

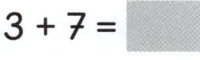

3
4 + 4 = ☐
1 + 6 = ☐
3 + 5 = ☐
2 + 2 = ☐
2 + 4 = ☐

☺ ☐ ☹

4
3 + ☐ = 7
1 + ☐ = 6
4 + ☐ = 5
2 + ☐ = 4
3 + ☐ = 3

☺ ☐ ☹

5 Setze ein: >, < oder =

6 ⬤ 8   5 ⬤ 0
4 ⬤ 3   6 ⬤ 6
7 ⬤ 7   8 ⬤ 9

☺ ☐ ☹

Wie gut kannst du diese Aufgaben? Male das passende Gesicht an.

1

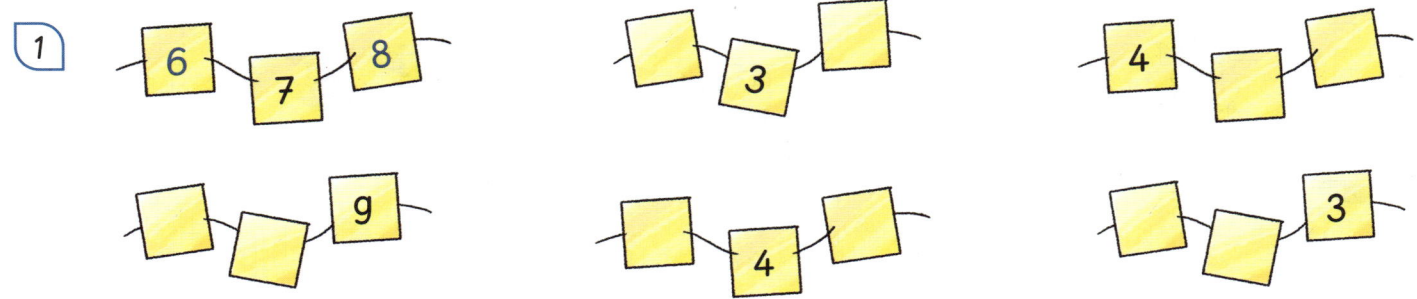

2

Vorgänger	Zahl	Nachfolger
3	4	5
	7	
	2	
	9	

Vorgänger	Zahl	Nachfolger
	8	
		7
	5	
0		

3

2 6 4 8   3 5 1 7   10 5 7 0

✏️ 2 < 4 < ☐ < ☐   ☐ < ☐ < ☐ < ☐   ☐ < ☐ < ☐ < ☐

28

Tauschaufgaben

1

3 + 2 = ☐

2 + 3 = ☐

☐ + ☐ = ☐

☐ + ☐ = ☐

☐ + ☐ = ☐

☐ + ☐ = ☐

2

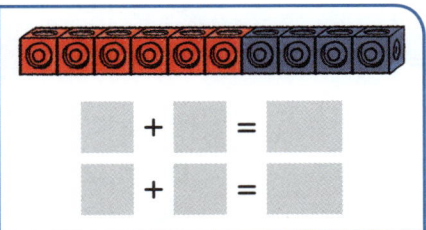

☐ + ☐ = ☐

☐ + ☐ = ☐

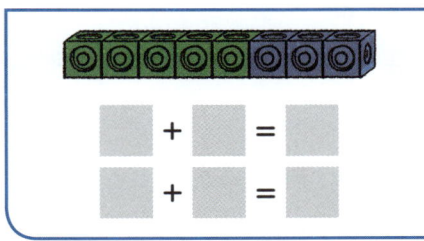

☐ + ☐ = ☐

☐ + ☐ = ☐

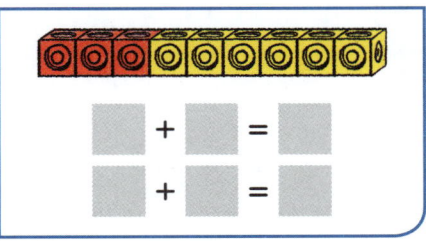

☐ + ☐ = ☐

☐ + ☐ = ☐

3

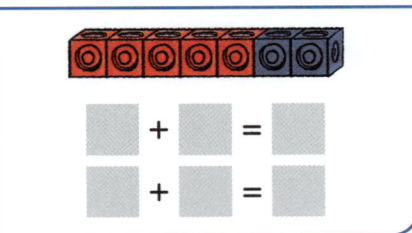

☐ + ☐ = ☐

☐ + ☐ = ☐

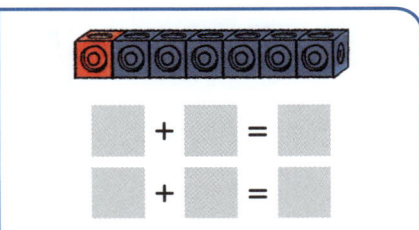

☐ + ☐ = ☐

☐ + ☐ = ☐

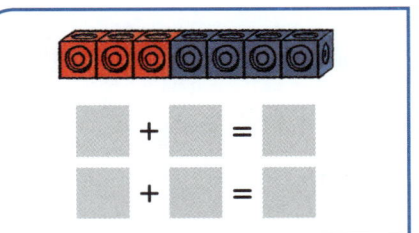

☐ + ☐ = ☐

☐ + ☐ = ☐

1

6 + 3 = ☐
3 + 6 = ☐

☐ + ☐ = ☐
☐ + ☐ = ☐

☐ + ☐ = ☐
☐ + ☐ = ☐

2

1 + 4 = ☐
4 + 1 = ☐

5 + 2 = ☐
2 + 5 = ☐

1 + 3 = ☐
3 + 1 = ☐

0 + 6 = ☐
6 + ☐ = ☐

4 + 3 = ☐
☐ + ☐ = ☐

2 + 3 = ☐
☐ + ☐ = ☐

7 + 3 = ☐
☐ + ☐ = ☐

6 + 2 = ☐
☐ + ☐ = ☐

4 + 5 = ☐
☐ + ☐ = ☐

7 + 2 = ☐
☐ + ☐ = ☐

5 + 3 = ☐
☐ + ☐ = ☐

4 + 6 = ☐
☐ + ☐ = ☐

$3 + 1 = 4$ 🔴

$6 + 1 =$ 🔵

$5 + 4 =$ 🟡

$2 + 0 =$ 🟣

$3 + 7 =$ 🟢

$1 + 2 =$ 🟢

$3 + 2 =$ 🔵

$0 + 1 =$ 🔴

$2 + 4 =$ 🟣

$5 + 3 =$ 🟡

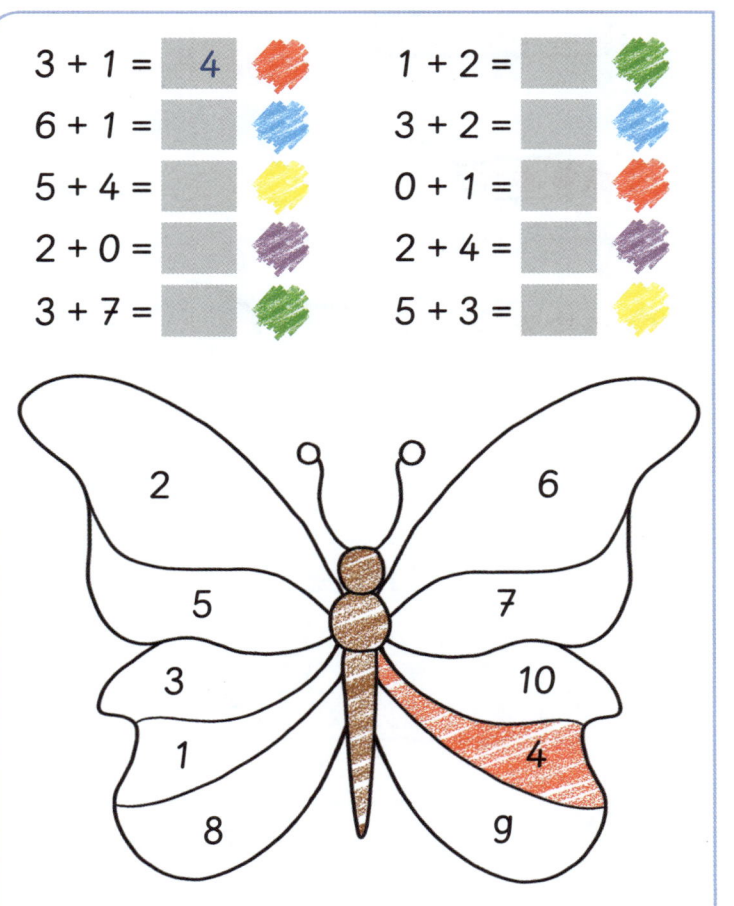

$3 + 5 =$ 🔵

$1 + 0 =$ 🟡

$2 + 1 =$ 🔴

$2 + 3 =$ 🟣

$4 + 2 =$ 🟢

$1 + 3 =$ 🟢

$6 + 1 =$ 🔴

$7 + 3 =$ 🟡

$5 + 4 =$ 🟣

$2 + 0 =$ 🔵

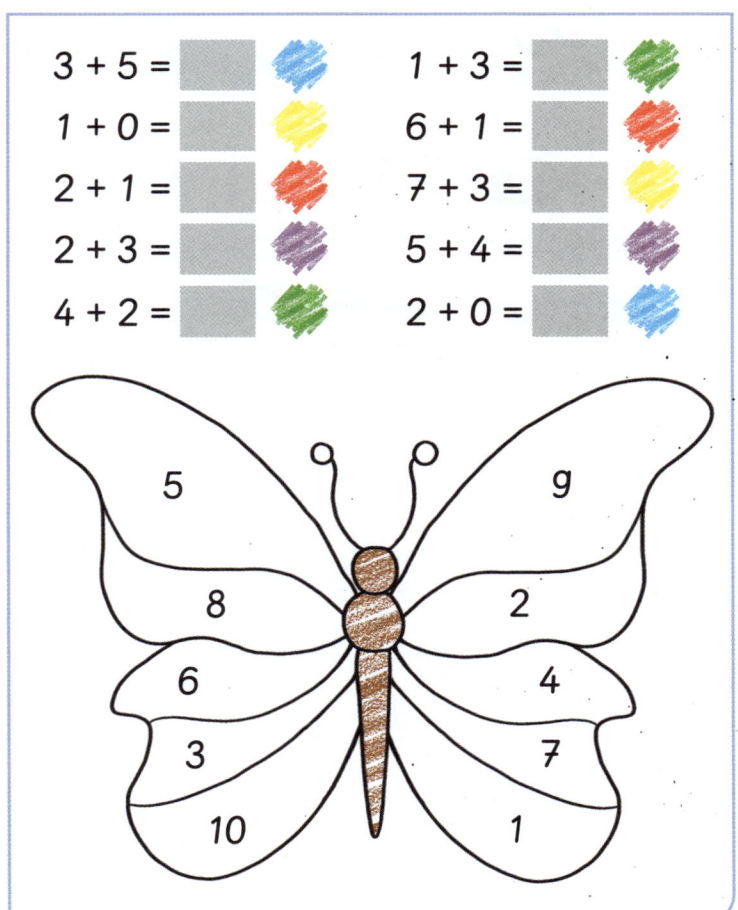

Wenn die Schmetterlinge genau gleich aussehen, hast du die Aufgaben richtig gelöst.

1

 $3 - 1 =$ ▢

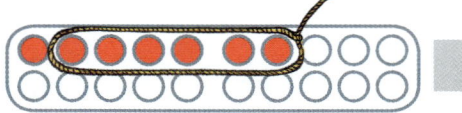 ▢ $-$ ▢ $=$ ▢

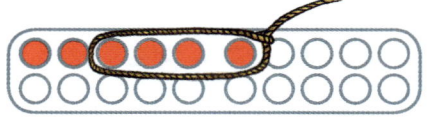 ▢ $-$ ▢ $=$ ▢

 ▢ $-$ ▢ $=$ ▢

 ▢ $-$ ▢ $=$ ▢

 ▢ $-$ ▢ $=$ ▢

2

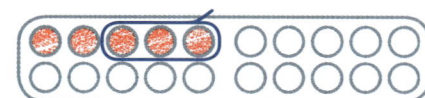 $5 - 3 =$ ▢

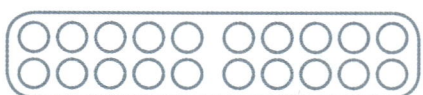 $6 - 1 =$ ▢

$7 - 4 =$ ▢

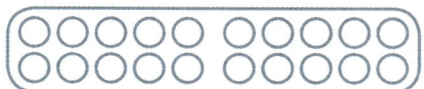 $9 - 9 =$ ▢

$8 - 6 =$ ▢

 $7 - 2 =$ ▢

1

3 − 3 = ☐	5 − 4 = ☐	7 − 5 = ☐	9 − 7 = ☐
3 − 0 = ☐	5 − 3 = ☐	7 − 4 = ☐	9 − 5 = ☐
3 − 1 = ☐	5 − 1 = ☐	7 − 6 = ☐	9 − 6 = ☐
3 − 2 = ☐	5 − 5 = ☐	7 − 2 = ☐	9 − 4 = ☐
2 − 2 = ☐	5 − 2 = ☐	7 − 0 = ☐	9 − 8 = ☐

2

4 − 4 = ☐	6 − 1 = ☐	8 − ☐ = 5	10 − ☐ = 8
4 − 1 = ☐	6 − 5 = ☐	8 − ☐ = 7	10 − ☐ = 5
4 − 0 = ☐	6 − 3 = ☐	8 − ☐ = 3	10 − ☐ = 7
4 − 3 = ☐	6 − 6 = ☐	8 − ☐ = 4	10 − ☐ = 4
4 − 2 = ☐	6 − 4 = ☐	8 − ☐ = 8	10 − ☐ = 1

$4 - 2 = 2$

$7 - \boxed{} = \boxed{}$

$5 - \boxed{} = \boxed{}$

$6 - \boxed{} = \boxed{}$

$5 - \boxed{} = \boxed{}$

$\boxed{} - \boxed{} = \boxed{}$

$\boxed{} - \boxed{} = \boxed{}$

$\boxed{} - \boxed{} = \boxed{}$

1

5 + 3 =	5 + 4 =	7 + ☐ = 8	☐ + 6 = 10
2 + 2 =	7 + 2 =	2 + ☐ = 9	☐ + 3 = 8
3 + 1 =	4 + 6 =	3 + ☐ = 6	☐ + 5 = 9
6 + 0 =	5 + 5 =	5 + ☐ = 5	☐ + 3 = 7
8 + 2 =	3 + 4 =	7 + ☐ = 10	☐ + 10 = 10

2

6 − 3 =	7 − 1 =	5 − ☐ = 3	☐ − 5 = 1
5 − 2 =	8 − 2 =	7 − ☐ = 4	☐ − 2 = 2
4 − 4 =	10 − 3 =	9 − ☐ = 5	☐ − 4 = 6
7 − 3 =	9 − 5 =	10 − ☐ = 6	☐ − 6 = 2
8 − 4 =	6 − 2 =	8 − ☐ = 7	☐ − 2 = 5

1

$3 - 3 =$ ☐
$3 - 2 =$ ☐
$3 - 1 =$ ☐
$3 - 0 =$ ☐

$5 - 5 =$ ☐
$5 - 4 =$ ☐
$5 - 3 =$ ☐
$5 -$ ☐ $=$ ☐
$5 -$ ☐ $=$ ☐
$5 -$ ☐ $=$ ☐

$7 - 6 =$ ☐
$7 - 5 =$ ☐
$7 - 4 =$ ☐
$7 -$ ☐ $=$ ☐
$7 -$ ☐ $=$ ☐
$7 -$ ☐ $=$ ☐

$9 - 7 =$ ☐
$9 - 6 =$ ☐
$9 - 5 =$ ☐
$9 -$ ☐ $=$ ☐
$9 -$ ☐ $=$ ☐
$9 -$ ☐ $=$ ☐

2

$4 - 0 =$ ☐
$4 - 1 =$ ☐
$4 - 2 =$ ☐
☐ $-$ ☐ $=$ ☐
☐ $-$ ☐ $=$ ☐

$6 - 5 =$ ☐
$6 - 4 =$ ☐
$6 - 3 =$ ☐
☐ $-$ ☐ $=$ ☐
☐ $-$ ☐ $=$ ☐
☐ $-$ ☐ $=$ ☐

$8 -$ ☐ $= 3$
$8 -$ ☐ $= 4$
$8 -$ ☐ $= 5$
☐ $-$ ☐ $=$ ☐
☐ $-$ ☐ $=$ ☐
☐ $-$ ☐ $=$ ☐

$10 -$ ☐ $= 1$
$10 -$ ☐ $= 2$
$10 -$ ☐ $= 3$
☐ $-$ ☐ $=$ ☐
☐ $-$ ☐ $=$ ☐
☐ $-$ ☐ $=$ ☐

1

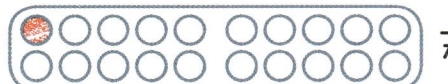 7 − 2 = ▢    8 − 5 = ▢

☺ 😐 ☹

2

▢ − ▢ = ▢

▢ − ▢ = ▢

▢ − ▢ = ▢

☺ 😐 ☹

3
8 − 4 = ▢
6 − 1 = ▢
5 − 2 = ▢
7 − 4 = ▢
3 − 3 = ▢

☺ 😐 ☹

4
4 − ▢ = 2
8 − ▢ = 1
7 − ▢ = 2
4 − ▢ = 4
6 − ▢ = 3

☺ 😐 ☹

5
6 + 3 = ▢   9 + 1 = ▢
3 + 6 = ▢   1 + ▢ = ▢

6 + 2 = ▢   4 + 5 = ▢
▢ + ▢ = ▢   ▢ + ▢ = ▢

☺ 😐 ☹

Wie gut kannst du diese Aufgaben? Male das passende Gesicht an.

Rechendreiecke

1

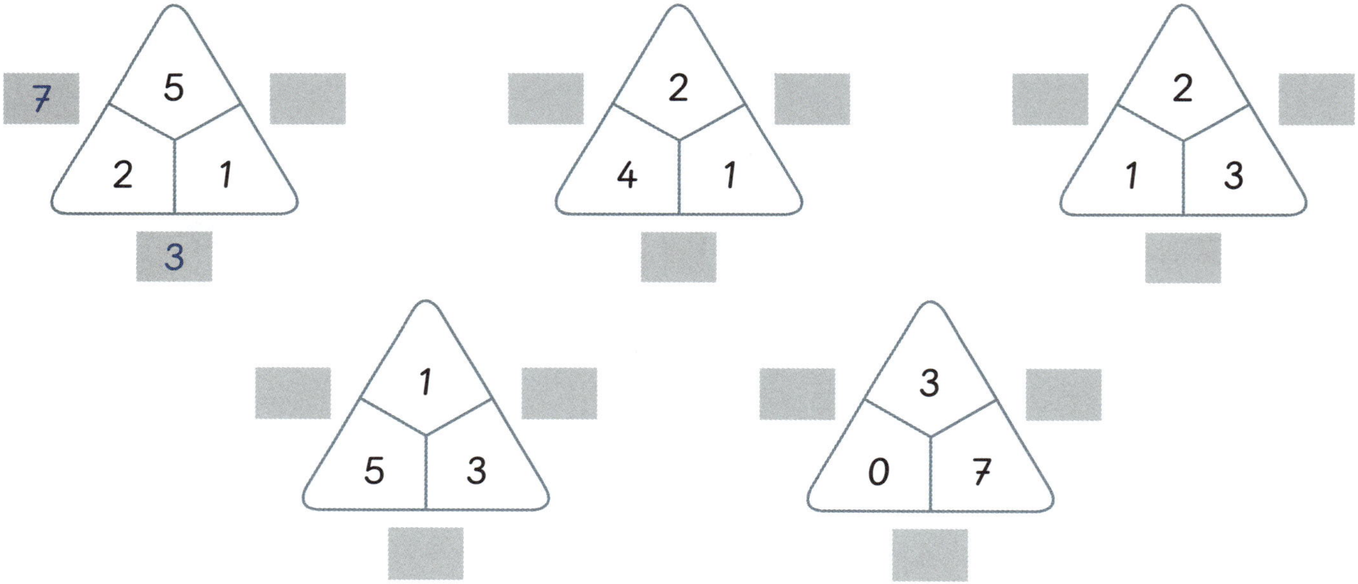

2

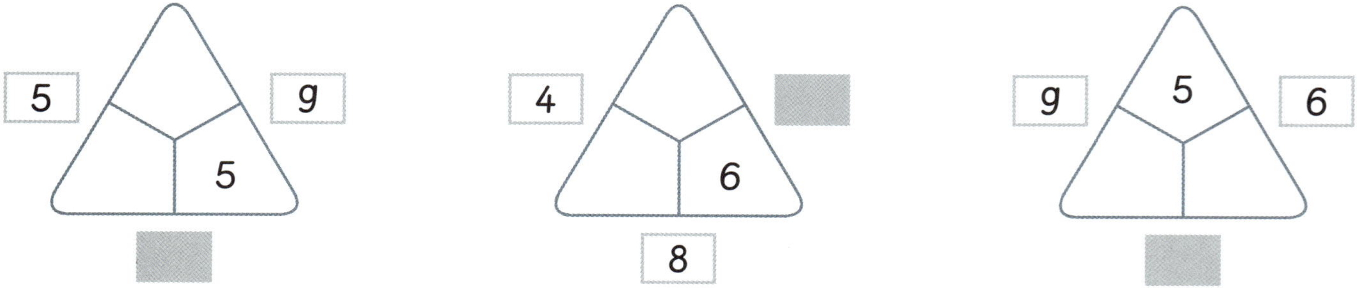

1

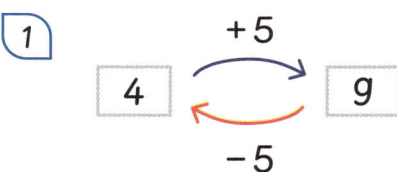

```
      +5
4  ⟳  9
      −5
```

4 + ▢ = ▢
▢ − ▢ = ▢

```
      +7
3  ⟳  ▢
      −7
```

▢ + ▢ = ▢
▢ − ▢ = ▢

```
      +3
2  ⟳  ▢
```

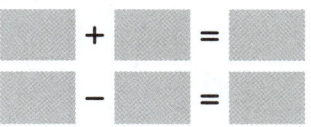

▢ + ▢ = ▢
▢ − ▢ = ▢

2

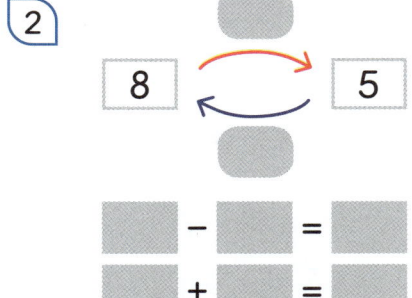

```
8  ⟳  5
```

▢ − ▢ = ▢
▢ + ▢ = ▢

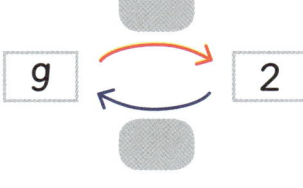

```
9  ⟳  2
```

▢ − ▢ = ▢
▢ + ▢ = ▢

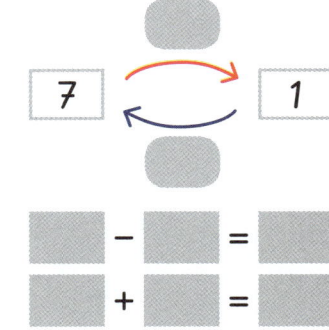

```
7  ⟳  1
```

▢ − ▢ = ▢
▢ + ▢ = ▢

1

5	8	3		6	9	3
5 + 3 =	8 − 3 =			+ =	− =	
3 + 5 =	8 − 5 =			+ =	− =	

2

6 7 1

6 + 1 = 7
1 + ☐ = 7
7 − ☐ = 1
7 − ☐ = 6

4 9 5

☐ + ☐ = ☐
☐ + ☐ = ☐
☐ − ☐ = ☐
☐ − ☐ = ☐

5 7 2

☐ + ☐ = ☐
☐ + ☐ = ☐
☐ − ☐ = ☐
☐ − ☐ = ☐

2 6 4

☐ + ☐ = ☐
☐ + ☐ = ☐
☐ − ☐ = ☐
☐ − ☐ = ☐

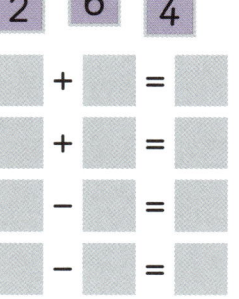

Mengen und Zahlen bis 10

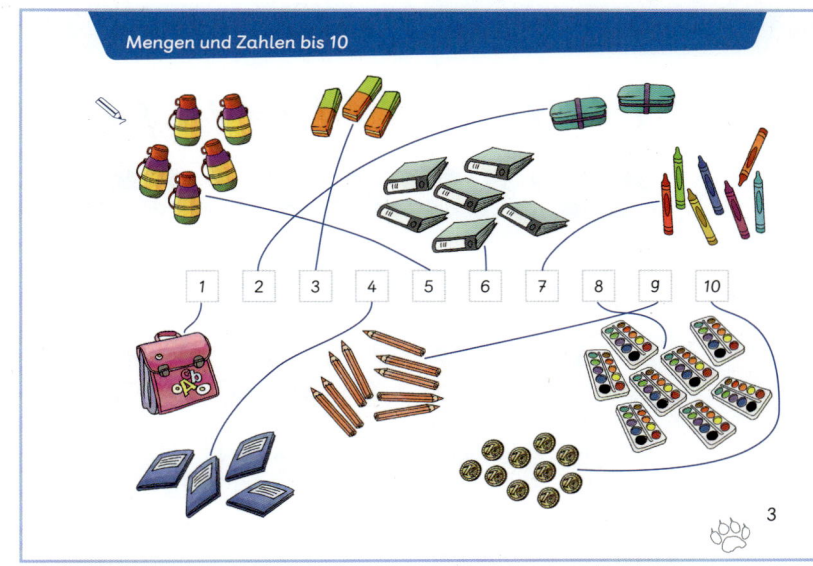

1 2 3 4 5 6 7 8 9 10

Strichlisten erstellen

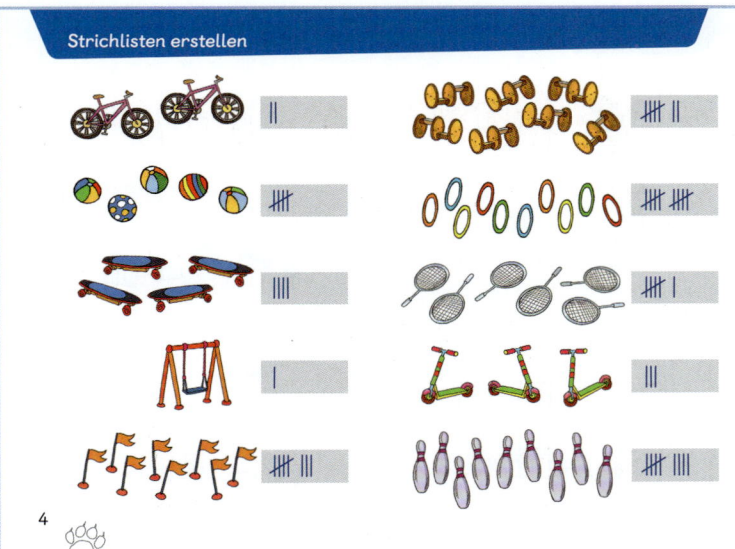

Strichlisten, Punktebilder und Zahlen

3

4

5

Mengen bündeln

Immer 4

Immer 3

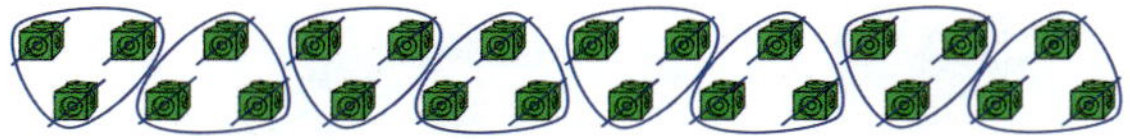

Immer 5

Immer 6

Immer 2

6

Das kann ich schon 1

	3	IIII	⚅
	1	II	⚁
	6	I	⚀
	2	IIIII I	⚄
	4	IIII	⚀
	5	III	⚃

☺ ☻ ☹

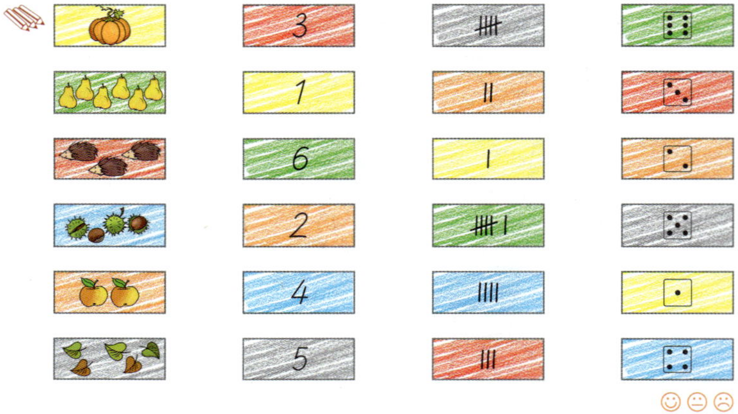

Wie gut kannst du diese Aufgaben? Male das passende Gesicht an.

7

Zahlen im Zwanzigerfeld

1

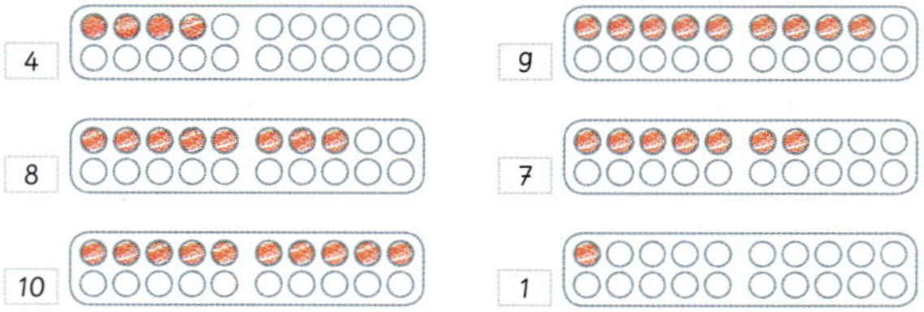

4

8

10

9

7

1

2

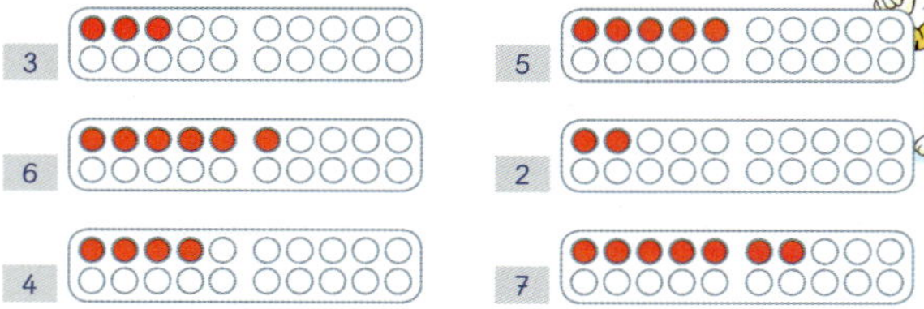

3

6

4

5

2

7

8

Die Zahlenreihe

1

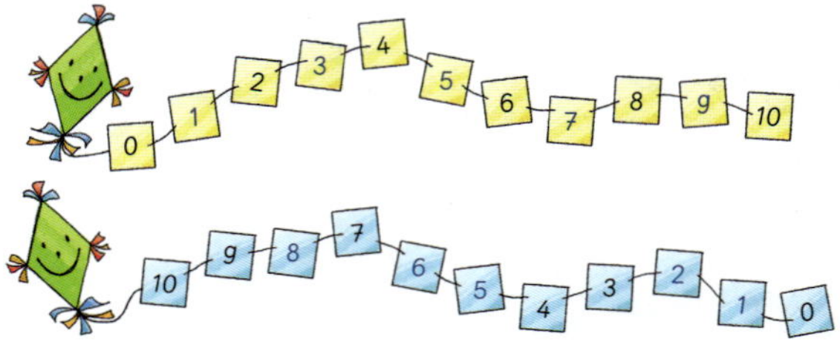

0 1 2 3 4 5 6 7 8 9 10

10 9 8 7 6 5 4 3 2 1 0

2

3 4 5 6

4 5 6 7

6 7 8 9

8 7 6 5

3 2 1 0

10 9 8 7

9

Das Plus-Zeichen

4
2 + 2

5
3 + 2

6
4 + 2

4
1 + 3

6
3 + 3

5
4 + 1

3
2 + 1

6
1 + 5

10

Zerlegungen der Zahlen bis 6

3
0 + 3
1 + 2
2 + 1
3 + 0

4
0 + 4
1 + 3
2 + 2
3 + 1
4 + 0

5
0 + 5
1 + 4
2 + 3
3 + 2
4 + 1
5 + 0

6
0 + 6
1 + 5
2 + 4
3 + 3

6
4 + 2
5 + 1
6 + 0

11

Tiger-Training 1

5
4 + 1

3
2 + 1

6
2 + 4

1
0 + 1

2
2 + 0

4
2 + 2

4
3 + 1

6
0 + 6

5
3 + 2

3
0 + 3

2
1 + 0

2
1 + 1

12   Wenn die Frösche genau gleich aussehen,
hast du die Aufgaben richtig gelöst.

Größer, kleiner, gleich

1

2 < 4   4 > 1   6 = 6   3 < 5   6 > 3

2

4 < 7   5 > 3   10 > 8   5 = 5   10 > 0

13

Größer, kleiner, gleich

1. Setze ein: >, < oder =

1 < 2	9 > 6	5 < 10	8 > 4
5 > 4	10 > 0	7 < 9	4 = 4
4 < 7	2 < 3	10 = 10	8 > 7
6 > 3	6 = 6	10 > 8	6 > 5
8 = 8	6 < 9	5 < 7	4 > 3

2.*

3 > 1	0 < 1	8 > 7	2 < 3
7 > 6	6 > 5	5 = 5	7 < 8
2 < 3	5 < 6	5 > 4	6 = 6
4 = 4	1 > 0	9 < 10	4 > 3
8 > 7	9 > 8	7 < 8	3 > 2

14

Beispiellösung: andere Lösungen sind möglich.

Plusaufgaben im Zwanzigerfeld

1.

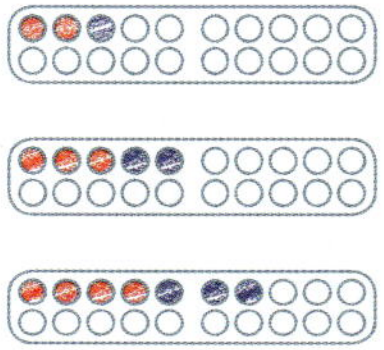

$2 + 1 = 3$ $1 + 7 = 8$

$3 + 2 = 5$ $2 + 2 = 4$

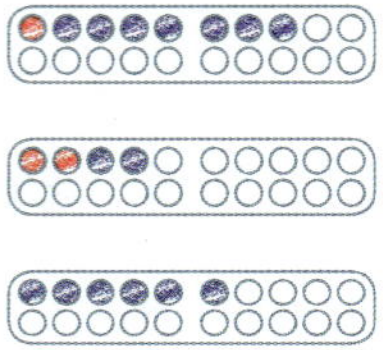

$4 + 3 = 7$ $0 + 6 = 6$

2.

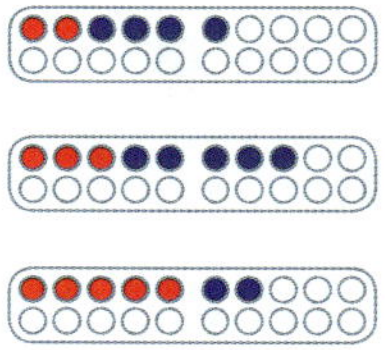

$2 + 4 = 6$ $1 + 4 = 5$

$3 + 5 = 8$ $4 + 4 = 8$

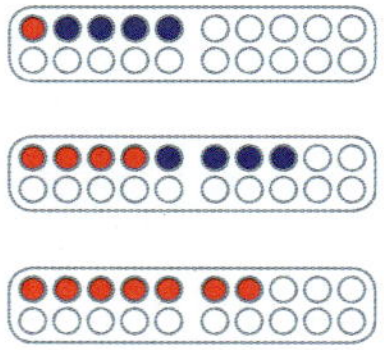

$5 + 2 = 7$ $7 + 0 = 7$

15

Zerlegungen der Zahlen 7 und 8

1.

7
$0 + 7$
$1 + 6$
$2 + 5$
$3 + 4$

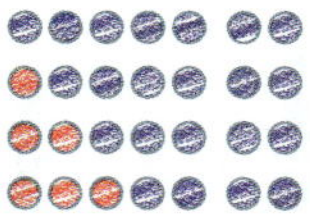

7
$4 + 3$
$5 + 2$
$6 + 1$
$7 + 0$

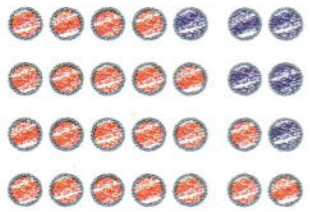

2.

8
$3 + 5$
$6 + 2$
$1 + 7$
$5 + 3$

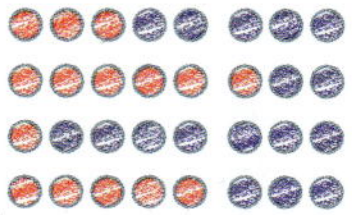

8
$2 + 6$
$0 + 8$
$7 + 1$
$4 + 4$
$8 + 0$

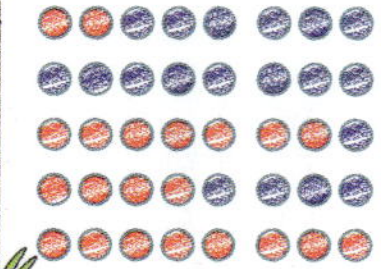

16

Zerlegungen der Zahlen bis 8

4
$0 + 4$
$1 + 3$
$2 + 2$
$3 + 1$
$4 + 0$

3
$0 + 3$
$1 + 2$
$2 + 1$
$3 + 0$

2
$0 + 2$
$1 + 1$
$2 + 0$

8
$0 + 8$
$1 + 7$
$2 + 6$
$3 + 5$
$4 + 4$
$5 + 3$
$6 + 2$
$7 + 1$
$8 + 0$

5
$0 + 5$
$1 + 4$
$2 + 3$
$3 + 2$
$4 + 1$
$5 + 0$

6
$0 + 6$
$1 + 5$
$2 + 4$
$3 + 3$
$4 + 2$
$5 + 1$
$6 + 0$

7
$0 + 7$
$1 + 6$
$2 + 5$
$3 + 4$
$4 + 3$
$5 + 2$
$6 + 1$
$7 + 0$

17

Das kann ich schon 2

1

 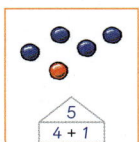  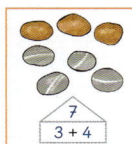

4	5	6	7
2 + 2	4 + 1	2 + 4	3 + 4

☺ ☺ ☹

2

3
0 + 3
1 + 2
2 + 1
3 + 0

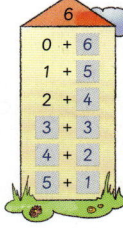

5
0 + 5
1 + 4
2 + 3
3 + 2
4 + 1
5 + 0

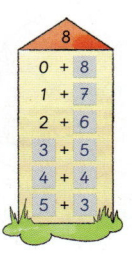

6
0 + 6
1 + 5
2 + 4
3 + 3
4 + 2
5 + 1

8
0 + 8
1 + 7
2 + 6
3 + 5
4 + 4
5 + 3

☺ ☺ ☹

18 Wie gut kannst du diese Aufgaben? Male das passende Gesicht an.

Rechengeschichten – Plusaufgaben

2 + 2 = 4   4 + 3 = 7   5 + 3 = 8   2 + 4 = 6

6 + 2 = 8   1 + 4 = 5   5 + 1 = 6   3 + 3 = 6

19

Rechengeschichten – Plusaufgaben

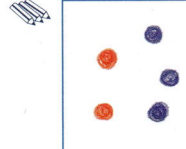 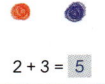 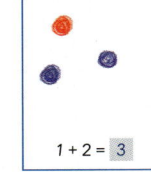  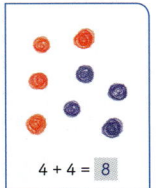

2 + 3 = 5   1 + 2 = 3   5 + 1 = 6   4 + 4 = 8

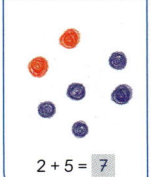   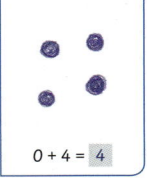

2 + 5 = 7   3 + 2 = 5   4 + 3 = 7   0 + 4 = 4

20

Plusaufgaben üben

1

1 + 1 = 2	2 + 0 = 2	4 + 1 = 5	2 + 6 = 8
1 + 3 = 4	2 + 2 = 4	4 + 2 = 6	1 + 7 = 8
1 + 5 = 6	2 + 4 = 6	4 + 3 = 7	3 + 5 = 8
1 + 7 = 8	2 + 6 = 8	4 + 4 = 8	0 + 8 = 8

2

5 + 0 = 5	6 + 1 = 7	1 + 0 = 1	3 + 3 = 6
5 + 1 = 6	7 + 0 = 7	0 + 3 = 3	2 + 4 = 6
5 + 2 = 7	3 + 4 = 7	5 + 0 = 5	1 + 5 = 6
5 + 3 = 8	2 + 5 = 7	0 + 7 = 7	0 + 6 = 6

3 Richtig ☑ oder falsch ☒?

2 + 1 = 3 ✓ _____   3 + 4 = 6 ✗   3 + 4 = 7
4 + 1 = 6 ✗   4 + 1 = 5   3 + 3 = 5 ✗   3 + 3 = 6
3 + 2 = 5 ✓ _____   1 + 6 = 7 ✓

21

Im Kinderzimmer – Plusaufgaben finden

1 + 1 = 2   5 + 3 = 8

4 + 2 = 6   6 + 3 = 9

3 + 1 = 4   2 + 2 = 4

2 + 1 = 3   2 + 3 = 5

3 + 3 = 6   3 + 1 = 4

22

Beispiellösung: andere Lösungen sind möglich.

Tiger-Training 2

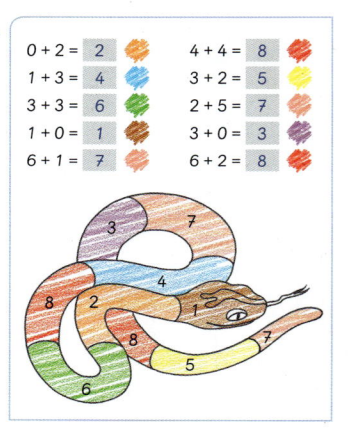

0 + 2 = 2	4 + 4 = 8
1 + 3 = 4	3 + 2 = 5
3 + 3 = 6	2 + 5 = 7
1 + 0 = 1	3 + 0 = 3
6 + 1 = 7	6 + 2 = 8

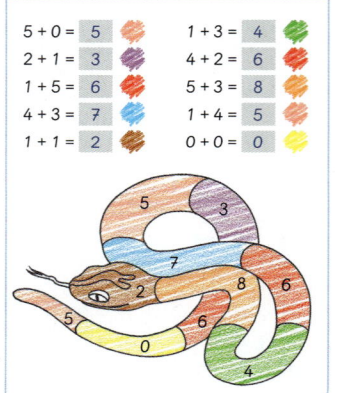

5 + 0 = 5	1 + 3 = 4
2 + 1 = 3	4 + 2 = 6
1 + 5 = 6	5 + 3 = 8
4 + 3 = 7	1 + 4 = 5
1 + 1 = 2	0 + 0 = 0

Wenn die Schlangen genau gleich aussehen, hast du die Aufgaben richtig gelöst.

23

Tiger-Päckchen – Muster in Plusaufgaben

1

1 + 1 = 2
1 + 2 = 3
1 + 3 = 4
1 + 4 = 5
1 + 5 = 6
1 + 6 = 7

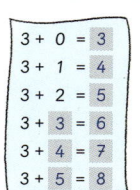

3 + 0 = 3
3 + 1 = 4
3 + 2 = 5
3 + 3 = 6
3 + 4 = 7
3 + 5 = 8

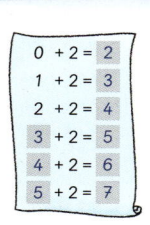

0 + 2 = 2
1 + 2 = 3
2 + 2 = 4
3 + 2 = 5
4 + 2 = 6
5 + 2 = 7

0 + 4 = 4
1 + 4 = 5
2 + 4 = 6
3 + 4 = 7
4 + 4 = 8
5 + 4 = 9

2

10 + 0 = 10
9 + 1 = 10
8 + 2 = 10
7 + 3 = 10
6 + 4 = 10
5 + 5 = 10

1 + 1 = 2
2 + 1 = 3
3 + 1 = 4
4 + 1 = 5
5 + 1 = 6
6 + 1 = 7

0 + 9 = 9
1 + 8 = 9
2 + 7 = 9
3 + 6 = 9
4 + 5 = 9
5 + 4 = 9

5 + 0 = 5
4 + 2 = 6
3 + 4 = 7
2 + 6 = 8
1 + 8 = 9
0 + 10 = 10

24

Zerlegungen der Zahlen 9 und 10

1

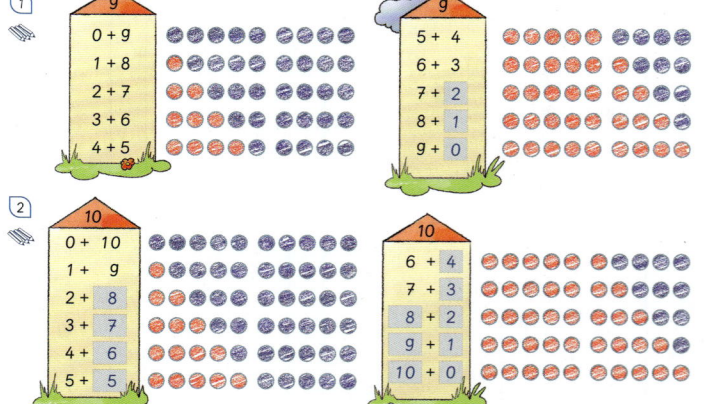

9

0 + 9
1 + 8
2 + 7
3 + 6
4 + 5

9

5 + 4
6 + 3
7 + 2
8 + 1
9 + 0

2

10

0 + 10
1 + 9
2 + 8
3 + 7
4 + 6
5 + 5

10

6 + 4
7 + 3
8 + 2
9 + 1
10 + 0

25

Zerlegungen der Zahlen 9 und 10

1

9 = 2 + 7	9 = 1 + 8	9 = 7 + 2	9 = 1 + 6 + 2
9 = 4 + 5	9 = 3 + 6	9 = 9 + 0	9 = 3 + 4 + 2
9 = 6 + 3	9 = 5 + 4	9 = 8 + 1	9 = 2 + 3 + 4
9 = 8 + 1	9 = 7 + 2	9 = 6 + 3	9 = 5 + 2 + 2

2

10 = 3 + 7	10 = 10 + 0	10 = 3 + 2 + 5	10 = 4 + 6 + 0
10 = 2 + 8	10 = 1 + 9	10 = 5 + 3 + 2	10 = 2 + 4 + 4
10 = 6 + 4	10 = 5 + 5	10 = 0 + 2 + 8	10 = 3 + 6 + 1
10 = 1 + 9	10 = 2 + 8	10 = 4 + 3 + 3	10 = 0 + 1 + 9

3 Partnerzahlen zur 10

Das kann ich schon 3

1

4 + 2 = 6   2 + 5 = 7   4 + 4 = 8

2

 4 + 5 = 9    3 + 7 = 10

3

4 + 4 = 8	
1 + 6 = 7	
3 + 5 = 8	
2 + 2 = 4	
2 + 4 = 6	

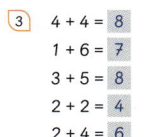

4

3 + 4 = 7
1 + 5 = 6
4 + 1 = 5
2 + 2 = 4
3 + 0 = 3

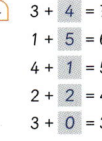

5 Setze ein: >, < oder =

6 < 8	5 > 0
4 > 3	6 = 6
7 = 7	8 < 9

Wie gut kannst du diese Aufgaben? Male das passende Gesicht an.

26   27

Vorgänger und Nachfolger

1

6 7 8 ; 2 3 4 ; 4 5 6
7 8 9 ; 3 4 5 ; 1 2 3

2

Vorgänger	Zahl	Nachfolger
3	4	5
6	7	8
1	2	3
8	9	10

Vorgänger	Zahl	Nachfolger
7	8	9
5	6	7
4	5	6
0	1	2

3

 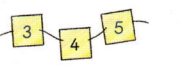 

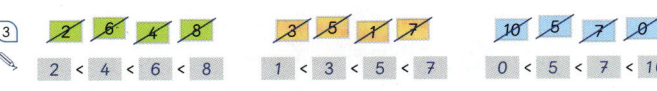

2 < 4 < 6 < 8   1 < 3 < 5 < 7   0 < 5 < 7 < 10

Tauschaufgaben

1

 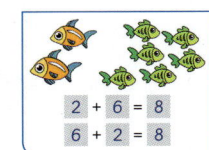 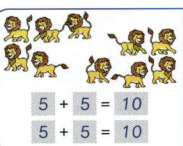

3 + 2 = 5	2 + 6 = 8	5 + 5 = 10
2 + 3 = 5	6 + 2 = 8	5 + 5 = 10

2

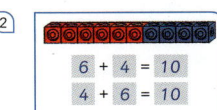 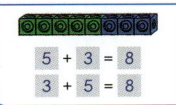 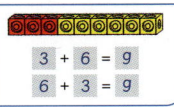

6 + 4 = 10	5 + 3 = 8	3 + 6 = 9
4 + 6 = 10	3 + 5 = 8	6 + 3 = 9

3

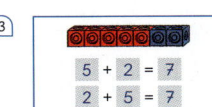 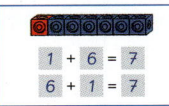 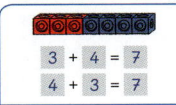

5 + 2 = 7	1 + 6 = 7	3 + 4 = 7
2 + 5 = 7	6 + 1 = 7	4 + 3 = 7

28   29

Tauschaufgaben

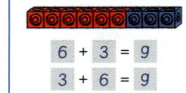 

6 + 3 = 9
3 + 6 = 9

1 + 7 = 8
7 + 1 = 8

5 + 4 = 9
4 + 5 = 9

2
1 + 4 = 5	5 + 2 = 7	1 + 3 = 4	0 + 6 = 6
4 + 1 = 5	2 + 5 = 7	3 + 1 = 4	6 + 0 = 6
4 + 3 = 7	2 + 3 = 5	7 + 3 = 10	6 + 2 = 8
3 + 4 = 7	3 + 2 = 5	3 + 7 = 10	2 + 6 = 8
4 + 5 = 9	7 + 2 = 9	5 + 3 = 8	4 + 6 = 10
5 + 4 = 9	2 + 7 = 9	3 + 5 = 8	6 + 4 = 10

Tiger-Training 3

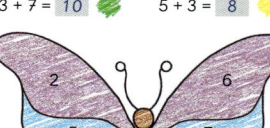

3 + 1 = 4 🔴	1 + 2 = 3 🟢
6 + 1 = 7 🔵	3 + 2 = 5 🔵
5 + 4 = 9 🟡	0 + 1 = 1 🟡
2 + 0 = 2 🟣	2 + 4 = 6 🟣
3 + 7 = 10 🟢	5 + 3 = 8 🟡

3 + 5 = 8 🔵	1 + 3 = 4 🟢
1 + 0 = 1 🟡	6 + 1 = 7 🔴
2 + 1 = 3 🟢	7 + 3 = 10 🟡
2 + 3 = 5 🟣	5 + 4 = 9 🟣
4 + 2 = 6 🟣	2 + 0 = 2 🔵

Wenn die Schmetterlinge genau gleich aussehen,
hast du die Aufgaben richtig gelöst.

Minusaufgaben im Zwanzigerfeld

3 – 1 = 2

7 – 6 = 1

6 – 4 = 2

5 – 3 = 2

8 – 3 = 5

10 – 3 = 7

2

5 – 3 = 2

6 – 1 = 5

7 – 4 = 3

9 – 9 = 0

8 – 6 = 2

7 – 2 = 5

Minusaufgaben üben

3 – 3 = 0	5 – 4 = 1	7 – 5 = 2	9 – 7 = 2
3 – 0 = 3	5 – 3 = 2	7 – 4 = 3	9 – 5 = 4
3 – 1 = 2	5 – 1 = 4	7 – 6 = 1	9 – 6 = 3
3 – 2 = 1	5 – 5 = 0	7 – 2 = 5	9 – 4 = 5
2 – 2 = 0	5 – 2 = 3	7 – 0 = 7	9 – 8 = 1

2
4 – 4 = 0	6 – 1 = 5	8 – 3 = 5	10 – 2 = 8
4 – 1 = 3	6 – 5 = 1	8 – 1 = 7	10 – 5 = 5
4 – 0 = 4	6 – 3 = 3	8 – 5 = 3	10 – 3 = 7
4 – 3 = 1	6 – 6 = 0	8 – 4 = 4	10 – 6 = 4
4 – 2 = 2	6 – 4 = 2	8 – 0 = 8	10 – 9 = 1

Rechengeschichten – Minusaufgaben

 $4 - 2 = 2$

 $7 - 2 = 5$

 $5 - 2 = 3$

 $6 - 2 = 4$

 $5 - 1 = 4$

 $8 - 3 = 5$

 $6 - 3 = 3$

 $8 - 2 = 6$

34

Plus- und Minusaufgaben üben

1.

$5 + 3 = 8$	$5 + 4 = 9$	$7 + 1 = 8$	$4 + 6 = 10$
$2 + 2 = 4$	$7 + 2 = 9$	$2 + 7 = 9$	$5 + 3 = 8$
$3 + 1 = 4$	$4 + 6 = 10$	$3 + 3 = 6$	$4 + 5 = 9$
$6 + 0 = 6$	$5 + 5 = 10$	$5 + 0 = 5$	$4 + 3 = 7$
$8 + 2 = 10$	$3 + 4 = 7$	$7 + 3 = 10$	$0 + 10 = 10$

2.

$6 - 3 = 3$	$7 - 1 = 6$	$5 - 2 = 3$	$6 - 5 = 1$
$5 - 2 = 3$	$8 - 2 = 6$	$7 - 3 = 4$	$4 - 2 = 2$
$4 - 4 = 0$	$10 - 3 = 7$	$9 - 4 = 5$	$10 - 4 = 6$
$7 - 3 = 4$	$9 - 5 = 4$	$10 - 4 = 6$	$8 - 6 = 2$
$8 - 4 = 4$	$6 - 2 = 4$	$8 - 1 = 7$	$7 - 2 = 5$

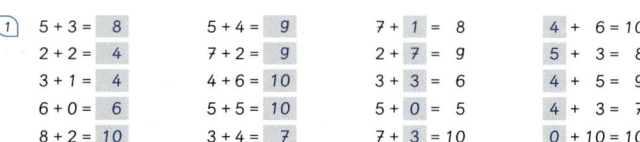

35

Tiger-Päckchen – Muster in Minusaufgaben

1.

$3 - 3 = 0$	$5 - 5 = 0$	$7 - 6 = 1$	$9 - 7 = 2$
$3 - 2 = 1$	$5 - 4 = 1$	$7 - 5 = 2$	$9 - 6 = 3$
$3 - 1 = 2$	$5 - 3 = 2$	$7 - 4 = 3$	$9 - 5 = 4$
$3 - 0 = 3$	$5 - 2 = 3$	$7 - 3 = 4$	$9 - 4 = 5$
	$5 - 1 = 4$	$7 - 2 = 5$	$9 - 3 = 6$
	$5 - 0 = 5$	$7 - 1 = 6$	$9 - 2 = 7$

2.

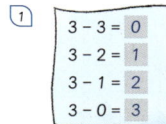

$4 - 0 = 4$	$6 - 5 = 1$	$8 - 5 = 3$	$10 - 9 = 1$
$4 - 1 = 3$	$6 - 4 = 2$	$8 - 4 = 4$	$10 - 8 = 2$
$4 - 2 = 2$	$6 - 3 = 3$	$8 - 3 = 5$	$10 - 7 = 3$
$4 - 3 = 1$	$6 - 2 = 4$	$8 - 2 = 6$	$10 - 6 = 4$
$4 - 4 = 0$	$6 - 1 = 5$	$8 - 1 = 7$	$10 - 5 = 5$
	$6 - 0 = 6$	$8 - 0 = 8$	$10 - 4 = 6$

36

Das kann ich schon 4

1.  $7 - 2 = 5$ 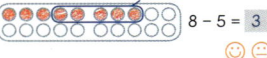 $8 - 5 = 3$

2.  $5 - 3 = 2$  $7 - 2 = 5$  $6 - 1 = 5$

3.

$8 - 4 = 4$
$6 - 1 = 5$
$5 - 2 = 3$
$7 - 4 = 3$
$3 - 3 = 0$

4.

$4 - 2 = 2$
$8 - 7 = 1$
$7 - 5 = 2$
$4 - 0 = 4$
$6 - 3 = 3$

5.

$6 + 3 = 9$	$9 + 1 = 10$
$3 + 6 = 9$	$1 + 9 = 10$
$6 + 2 = 8$	$4 + 5 = 9$
$2 + 6 = 8$	$5 + 4 = 9$

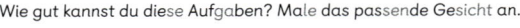

Wie gut kannst du diese Aufgaben? Male das passende Gesicht an.

37

Rechentiger 1 – Lösungen (Seite 38–41)

Rechendreiecke

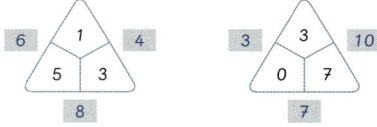

1

7 / 5 / 6, innen 2 1, unten 3	6 / 2 / 3, innen 4 1, unten 5	3 / 2 / 5, innen 1 3, unten 4

6 / 1 / 4, innen 5 3, unten 8 3 / 3 / 10, innen 0 7, unten 7

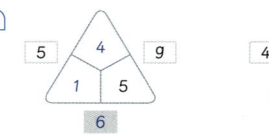
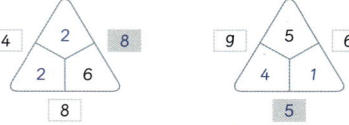

2

5 / 4 / 9, innen 1 5, unten 6   4 / 2 / 8, innen 2 6, unten 8   9 / 5 / 6, innen 4 1, unten 5

Umkehraufgaben

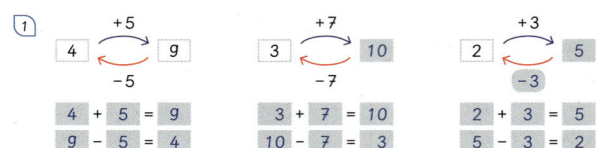

1

$4 \xrightarrow{+5} 9 \xleftarrow{-5}$ $3 \xrightarrow{+7} 10 \xleftarrow{-7}$ $2 \xrightarrow{+3} 5 \xleftarrow{-3}$

$4 + 5 = 9$ $3 + 7 = 10$ $2 + 3 = 5$
$9 - 5 = 4$ $10 - 7 = 3$ $5 - 3 = 2$

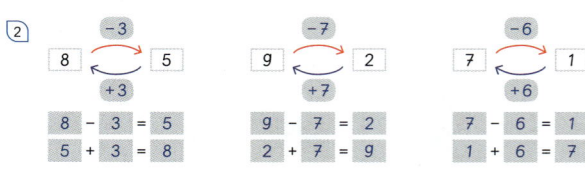

2

$8 \xrightarrow{-3} 5 \xleftarrow{+3}$ $9 \xrightarrow{-7} 2 \xleftarrow{+7}$ $7 \xrightarrow{-6} 1 \xleftarrow{+6}$

$8 - 3 = 5$ $9 - 7 = 2$ $7 - 6 = 1$
$5 + 3 = 8$ $2 + 7 = 9$ $1 + 6 = 7$

3 Zahlen – 4 Aufgaben

1

5 8 3:
$5 + 3 = 8$ $8 - 3 = 5$
$3 + 5 = 8$ $8 - 5 = 3$

6 9 3:
$6 + 3 = 9$ $9 - 3 = 6$
$3 + 6 = 9$ $9 - 6 = 3$

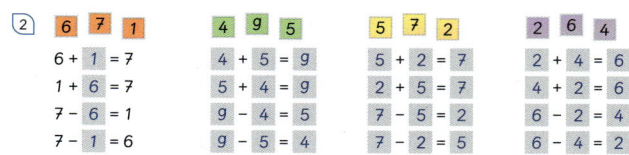

2

6 7 1	4 9 5	5 7 2	2 6 4
$6 + 1 = 7$	$4 + 5 = 9$	$5 + 2 = 7$	$2 + 4 = 6$
$1 + 6 = 7$	$5 + 4 = 9$	$2 + 5 = 7$	$4 + 2 = 6$
$7 - 6 = 1$	$9 - 4 = 5$	$7 - 5 = 2$	$6 - 2 = 4$
$7 - 1 = 6$	$9 - 5 = 4$	$7 - 2 = 5$	$6 - 4 = 2$

Rechenmauern

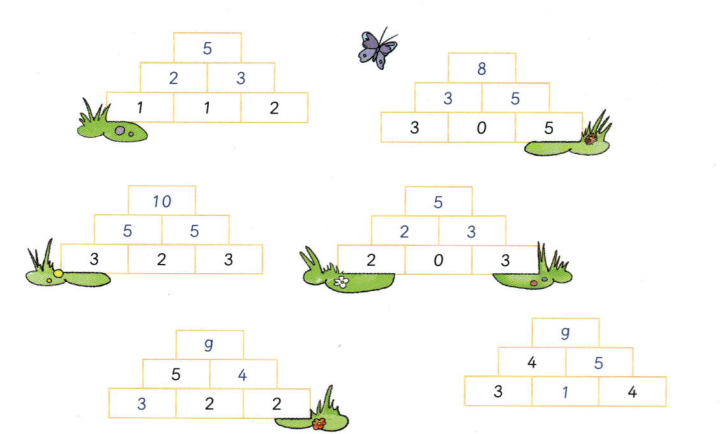

Pyramide: 5 / 2 3 / 1 1 2

Pyramide: 8 / 3 5 / 3 0 5

Pyramide: 10 / 5 5 / 3 2 3

Pyramide: 5 / 2 3 / 2 0 3

Pyramide: 9 / 5 4 / 3 2 2

Pyramide: 9 / 4 5 / 3 1 4

Tiger-Training 4

3 + 6 = 9   10 – 4 = 6
3 + 2 = 5   9 – 7 = 2
2 + 8 = 10   8 – 4 = 4
5 + 2 = 7   10 – 10 = 0
2 + 6 = 8   9 – 8 = 1

8 – 6 = 2   0 + 0 = 0
8 – 7 = 1   5 + 4 = 9
6 – 2 = 4   3 + 4 = 7
9 – 6 = 3   4 + 2 = 6
10 – 2 = 8   1 + 4 = 5

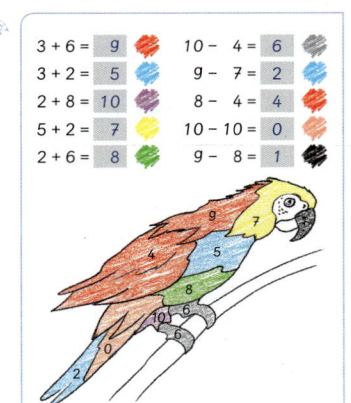 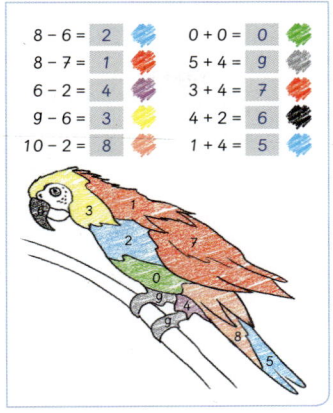

42 Wenn die Papageien genau gleich aussehen, hast du die Aufgaben richtig gelöst.

Rechengeschichten – Plus oder minus?

2 + 2 = 4   7 – 2 = 5   3 + 3 = 6   4 – 1 = 3

4 + 6 = 10   8 – 3 = 5   9 – 5 = 4   5 + 4 = 9

43

Zu Zehnern bündeln

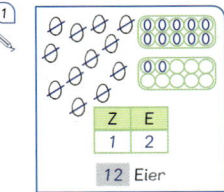
Z E
1 2
12 Eier

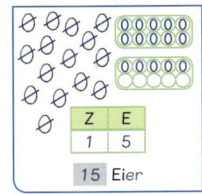
Z E
1 5
15 Eier

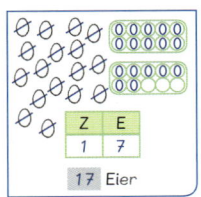
Z E
1 7
17 Eier

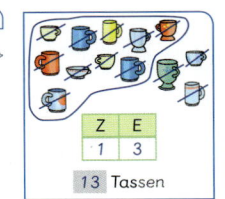
Z E
1 3
13 Tassen

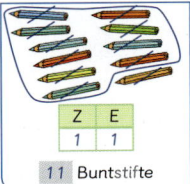
Z E
1 1
11 Buntstifte

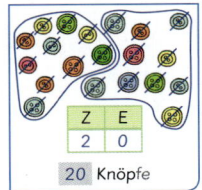
Z E
2 0
20 Knöpfe

Zehner und Einer – Stellenwerte

 Z E 1 2
 Z E 1 4
Z E 1 9
Z E 1 7

 Z E 1 5
Z E 1 1
Z E 2 0
Z E 1 6

14 = 1 Z 4 E   13 = 1 Z 3 E   10 = 1 Z 0 E
16 = 1 Z 6 E   11 = 1 Z 1 E   9 = 0 Z 9 E
20 = 2 Z 0 E   17 = 1 Z 7 E   18 = 1 Z 8 E

44 45

Rechnen mit der Zahl 10

①
10 + 4 = 14   10 + 5 = 15   2 + 10 = 12   9 + 10 = 19
10 + 6 = 16   10 + 0 = 10   7 + 10 = 17   8 + 10 = 18
10 + 1 = 11   10 + 10 = 20   3 + 10 = 13   0 + 10 = 10

②
13 − 3 = 10   17 − 7 = 10   11 − 1 = 10   12 − 2 = 10
15 − 5 = 10   19 − 9 = 10   10 − 0 = 10   20 − 10 = 10
20 − 10 = 10   14 − 4 = 10   16 − 6 = 10   18 − 8 = 10

③
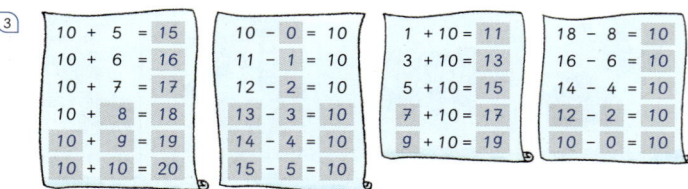

10 + 5 = 15
10 + 6 = 16
10 + 7 = 17
10 + 8 = 18
10 + 9 = 19
10 + 10 = 20

10 − 0 = 10
11 − 1 = 10
12 − 2 = 10
13 − 3 = 10
14 − 4 = 10
15 − 5 = 10

1 + 10 = 11
3 + 10 = 13
5 + 10 = 15
7 + 10 = 17
9 + 10 = 19

18 − 8 = 10
16 − 6 = 10
14 − 4 = 10
12 − 2 = 10
10 − 0 = 10

46

Das kann ich schon 5

①
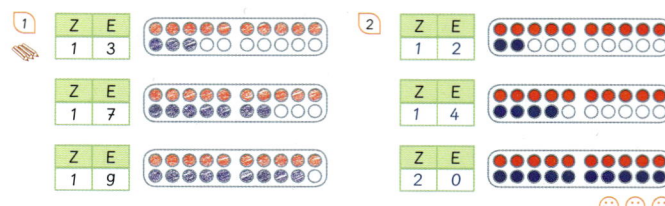

Z	E
1	3

Z	E
1	7

Z	E
1	9

②
Z	E
1	2

Z	E
1	4

Z	E
2	0

③ 3 9 6
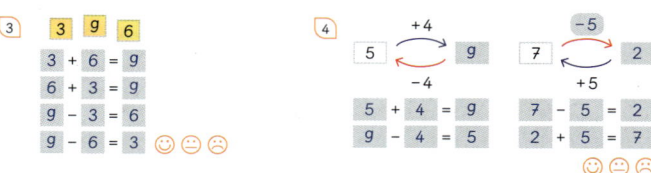

3 + 6 = 9
6 + 3 = 9
9 − 3 = 6
9 − 6 = 3

④
+4 → 5 ... 9   −5 → 7 ... 2
−4   +5

5 + 4 = 9   7 − 5 = 2
9 − 4 = 5   2 + 5 = 7

Wie gut kannst du diese Aufgaben? Male das passende Gesicht an.   47

Vorgänger und Nachfolger

①

②
Vorgänger	Zahl	Nachfolger	Vorgänger	Zahl	Nachfolger
13	14	15	17	18	19
16	17	18	15	16	17
11	12	13	14	15	16
18	19	20	10	11	12
10	11	12	18	19	20

③
13 + 1 = 14   15 + 1 = 16   17 + 1 = 18   19 + 1 = 20   16 + 1 = 17
13 − 1 = 12   15 − 1 = 14   17 − 1 = 16   19 − 1 = 18   16 − 1 = 15

48

Der Zahlenstrahl

①
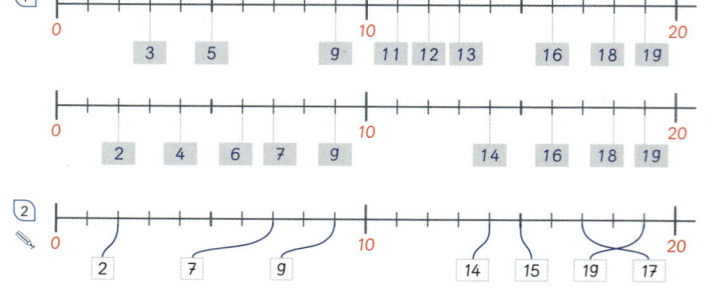

②

③
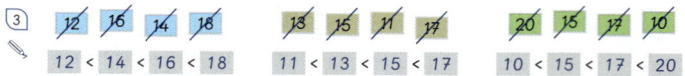

12 < 14 < 16 < 18   11 < 13 < 15 < 17   10 < 15 < 17 < 20

49

Verdoppeln

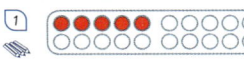 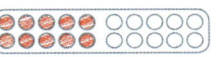

5 → verdoppeln → 5 + 5 = 10

9 → verdoppeln → 9 + 9 = 18

Zahl	3	4	5	2	9	8	6	7	10
das Doppelte	6	8	10	4	18	16	12	14	20

③
2 + 2 = 4   3 + 3 = 6   7 + 7 = 14   9 + 9 = 18
4 + 4 = 8   5 + 5 = 10   6 + 6 = 12   8 + 8 = 16

50

Halbieren

8 → halbieren → 8 – 4 = 4

16 → halbieren → 16 – 8 = 8

Zahl	4	8	6	10	12	14	18	16	20
die Hälfte	2	4	3	5	6	7	9	8	10

③
6 – 3 = 3   8 – 4 = 4   10 – 5 = 5   20 – 10 = 10
4 – 2 = 2   12 – 6 = 6   14 – 7 = 7   16 – 8 = 8

51

Tiger-Training 5

4 + 3 = 7   2 + 2 = 4
5 + 4 = 9   9 + 9 = 18
3 + 5 = 8   10 + 10 = 20
6 + 6 = 12   8 + 8 = 16
7 + 3 = 10   3 + 3 = 6
7 + 7 = 14   4 + 1 = 5

14 – 7 = 7   2 – 2 = 0
4 – 3 = 1   11 – 0 = 11
12 – 6 = 6   16 – 8 = 8
8 – 5 = 3   10 – 0 = 10
9 – 4 = 5   5 – 3 = 2
7 – 3 = 4   18 – 9 = 9

 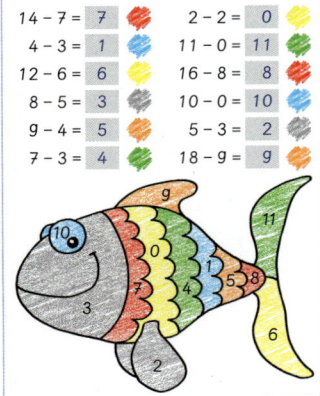

52   Wenn die Fische genau gleich aussehen, hast du die Aufgaben richtig gelöst.

Gerade und ungerade Zahlen

Wie kommt der Rechentiger zum Fluss? Folge den geraden Zahlen.

53

Kleine und große Aufgaben

1)
1 + 1 = 2	3 + 6 = 9	4 + 4 = 8	6 + 2 = 8
11 + 1 = 12	13 + 6 = 19	14 + 4 = 18	16 + 2 = 18

2)
4 + 5 = 9	7 + 3 = 10	6 + 3 = 9
14 + 5 = 19	17 + 3 = 20	16 + 3 = 19

3)
8 – 2 = 6	7 – 5 = 2	6 – 4 = 2	10 – 8 = 2
18 – 2 = 16	17 – 5 = 12	16 – 4 = 12	20 – 8 = 12

4)
5 – 3 = 2	7 – 4 = 3	8 – 3 = 5
15 – 3 = 12	17 – 4 = 13	18 – 3 = 15

Rund um die Zahl 10

1)
3 + 7 = 10	6 + 4 = 10	10 + 3 = 13	10 – 3 = 7	19 – 9 = 10
1 + 9 = 10	4 + 6 = 10	10 + 5 = 15	10 – 4 = 6	12 – 2 = 10
7 + 3 = 10	9 + 1 = 10	10 + 7 = 17	10 – 6 = 4	16 – 6 = 10
2 + 8 = 10	5 + 5 = 10	10 + 9 = 19	10 – 8 = 2	14 – 4 = 10
8 + 2 = 10	0 + 10 = 10	10 + 10 = 20	10 – 9 = 1	20 – 10 = 10

2)

10
4 + 6
6 + 4
2 + 8
10 + 0
5 + 5

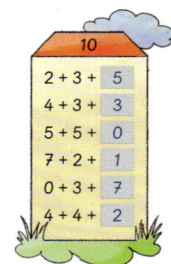
10
2 + 3 + 5
4 + 3 + 3
5 + 5 + 0
7 + 2 + 1
0 + 3 + 7

10
1 + 4 + 5
3 + 1 + 6
5 + 2 + 3
4 + 5 + 1
2 + 0 + 8
6 + 2 + 2

Das kann ich schon 6

1)
Vorgänger	Zahl	Nachfolger	Vorgänger	Zahl	Nachfolger
17	18	19	16	17	18
15	16	17	10	11	12
12	13	14	9	10	11
14	15	16	13	14	15

😊 😐 ☹

2)
2 + 2 = 4	4 + 4 = 8
7 + 7 = 14	5 + 5 = 10
9 + 9 = 18	6 + 6 = 12

😊 😐 ☹

3)
6 – 3 = 3	18 – 9 = 9
10 – 5 = 5	14 – 7 = 7
20 – 10 = 10	16 – 8 = 8

😊 😐 ☹

4)
5 + 5 = 10	8 + 1 = 9	7 – 2 = 5	9 – 7 = 2
15 + 5 = 20	18 + 1 = 19	17 – 2 = 15	19 – 7 = 12

😊 😐 ☹

Wie gut kannst du diese Aufgaben? Male das passende Gesicht an.

Über den Zehner – Plus

 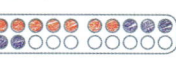 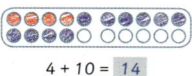
6 + 8 = 14	7 + 5 = 12	4 + 10 = 14
6 + 4 = 10	7 + 3 = 10	4 + 6 = 10
10 + 4 = 14	10 + 2 = 12	10 + 4 = 14

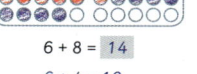 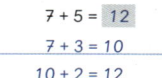
2 + 9 = 11	8 + 7 = 15	9 + 4 = 13
2 + 8 = 10	8 + 2 = 10	9 + 1 = 10
10 + 1 = 11	10 + 5 = 15	10 + 3 = 13

Über den Zehner – Plus

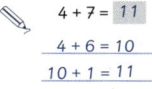

$4 + 7 = 11$

$4 + 6 = 10$
$10 + 1 = 11$

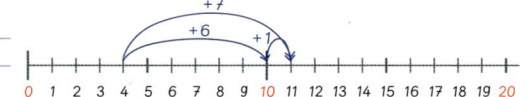

$8 + 6 = 14$

$8 + 2 = 10$
$10 + 4 = 14$

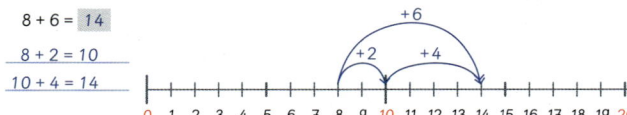

$7 + 8 = 15$

$7 + 3 = 10$
$10 + 5 = 15$

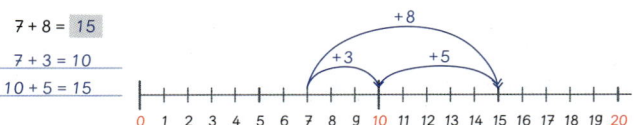

58

Über den Zehner üben

①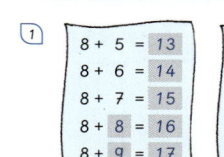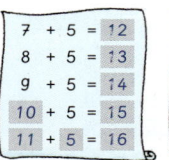

$8 + 5 = 13$ $7 + 5 = 12$ $6 + 5 = 11$ $7 + 7 = 14$
$8 + 6 = 14$ $8 + 5 = 13$ $6 + 6 = 12$ $8 + 7 = 15$
$8 + 7 = 15$ $9 + 5 = 14$ $6 + 7 = 13$ $9 + 7 = 16$
$8 + 8 = 16$ $10 + 5 = 15$ $6 + 8 = 14$ $10 + 7 = 17$
$8 + 9 = 17$ $11 + 5 = 16$ $6 + 9 = 15$ $11 + 7 = 18$

②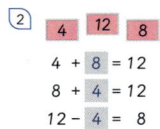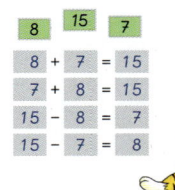

$4 + 8 = 12$ $8 + 7 = 15$ $8 + 9 = 17$
$8 + 4 = 12$ $7 + 8 = 15$ $9 + 8 = 17$
$12 - 4 = 8$ $15 - 8 = 7$ $17 - 8 = 9$
$12 - 8 = 4$ $15 - 7 = 8$ $17 - 9 = 8$

59

Rechengeschichten lesen und lösen

5 Personen steigen noch ein.

$9 + 5 = 14$

4 Vögel fliegen noch auf den Baum.

$8 + 4 = 12$

Die Affen essen 6 Bananen.

$14 - 6 = 8$

5 Kinder gehen nach Hause.

$13 - 5 = 8$

60

Tiger-Training 6

$10 + 10 = 20$ $6 + 7 = 13$
$9 + 6 = 15$ $3 + 6 = 9$
$7 + 7 = 14$ $9 + 9 = 18$
$5 + 2 = 7$ $11 + 5 = 16$
$8 + 9 = 17$ $6 + 4 = 10$
$4 + 7 = 11$ $10 + 9 = 19$

$5 + 4 = 9$ $12 + 5 = 17$
$8 + 8 = 16$ $8 + 5 = 13$
$5 + 10 = 15$ $7 + 3 = 10$
$14 + 6 = 20$ $6 + 6 = 12$
$10 + 4 = 14$ $13 + 5 = 18$
$6 + 2 = 8$ $5 + 6 = 11$

Wenn die Geckos genau gleich aussehen,
hast du die Aufgaben richtig gelöst.

61

Rechentiger 1 – Lösungen (Seite 62–65)

Über den Zehner – Minus

1
$11 - 3 = 8$
$11 - 1 = 10$
$10 - 2 = 8$

$12 - 8 = 4$
$12 - 2 = 10$
$10 - 6 = 4$

$14 - 5 = 9$
$14 - 4 = 10$
$10 - 1 = 9$

2
$19 - 10 = 9$
$19 - 9 = 10$
$10 - 1 = 9$

$15 - 7 = 8$
$15 - 5 = 10$
$10 - 2 = 8$

$13 - 6 = 7$
$13 - 3 = 10$
$10 - 3 = 7$

Über den Zehner – Minus

$11 - 7 = 4$
$11 - 1 = 10$
$10 - 6 = 4$

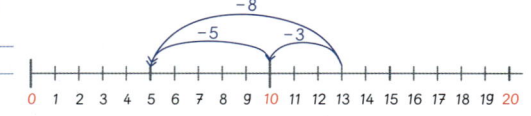

$15 - 6 = 9$
$15 - 5 = 10$
$10 - 1 = 9$

$13 - 8 = 5$
$13 - 3 = 10$
$10 - 5 = 5$

62 63

Über den Zehner üben

1

$12 - 5 = 7$	$14 - 7 = 7$	$13 - 5 = 8$	$11 - 5 = 6$
$13 - 5 = 8$	$15 - 7 = 8$	$14 - 6 = 8$	$12 - 6 = 6$
$14 - 5 = 9$	$16 - 7 = 9$	$15 - 7 = 8$	$13 - 7 = 6$
$15 - 5 = 10$	$17 - 7 = 10$	$16 - 8 = 8$	$14 - 8 = 6$
$16 - 5 = 11$	$18 - 7 = 11$	$17 - 9 = 8$	$15 - 9 = 6$

2

6 10 4
$4 + 6 = 10$
$6 + 4 = 10$
$10 - 4 = 6$
$10 - 6 = 4$

9 14 5
$9 + 5 = 14$
$5 + 9 = 14$
$14 - 5 = 9$
$14 - 9 = 5$

3 12 9
$9 + 3 = 12$
$3 + 9 = 12$
$12 - 3 = 9$
$12 - 9 = 3$

Das kann ich schon 7

1
$5 + 7 = 12$
$5 + 5 = 10$
$10 + 2 = 12$

$9 + 8 = 17$
$9 + 1 = 10$
$10 + 7 = 17$

☺ ☐ ☹

2
$15 - 8 = 7$
$15 - 5 = 10$
$10 - 3 = 7$

$11 - 5 = 6$
$11 - 1 = 10$
$10 - 4 = 6$

☺ ☐ ☹

3

$6 + 4 = 10$	$7 + 5 = 12$	$12 - 6 = 6$	$14 - 6 = 8$
$7 + 4 = 11$	$8 + 6 = 14$	$12 - 7 = 5$	$13 - 5 = 8$
$8 + 4 = 12$	$9 + 7 = 16$	$12 - 8 = 4$	$12 - 4 = 8$

☺ ☐ ☹

Wie gut kannst du diese Aufgaben? Male das passende Gesicht an.

64 65

Geschickt rechnen mit drei Zahlen

1

5 + 6 + 5 = 16	2 + 4 + 8 = 14	0 + 6 + 10 = 16
4 + 3 + 6 = 13	6 + 4 + 5 = 15	7 + 3 + 2 = 12
2 + 8 + 7 = 17	8 + 8 + 2 = 18	6 + 7 + 4 = 17
3 + 6 + 7 = 16	5 + 9 + 5 = 19	2 + 8 + 8 = 18
9 + 8 + 1 = 18	1 + 9 + 9 = 19	3 + 6 + 4 = 13

2

13 − 4 − 3 = 6	20 − 8 − 10 = 2	12 − 8 − 2 = 2
15 − 6 − 5 = 4	16 − 3 − 6 = 7	13 − 3 − 9 = 1
18 − 8 − 1 = 9	17 − 5 − 7 = 5	18 − 6 − 8 = 4
14 − 4 − 5 = 5	16 − 6 − 2 = 8	17 − 7 − 2 = 8
12 − 4 − 2 = 6	11 − 1 − 7 = 3	14 − 5 − 4 = 5

66

Beispiellösung: andere Färbungen sind möglich.

Nachbaraufgaben – Plus

	3 + 5 = 8	
4 + 4 = 8	4 + 5 = 9	4 + 6 = 10
	5 + 5 = 10	

	2 + 6 = 8	
3 + 5 = 8	3 + 6 = 9	3 + 7 = 10
	4 + 6 = 10	

	7 + 3 = 10	
8 + 2 = 10	8 + 3 = 11	8 + 4 = 12
	9 + 3 = 12	

	4 + 7 = 11	
5 + 6 = 11	5 + 7 = 12	5 + 8 = 13
	6 + 7 = 13	

	8 + 4 = 12	
9 + 3 = 12	9 + 4 = 13	9 + 5 = 14
	10 + 4 = 14	

67

Rechentricks wiederholen

1 Kleine Aufgaben – große Aufgaben

11 + 1 = 12	13 + 6 = 19	14 + 4 = 18	16 + 2 = 18	13 + 2 = 15
1 + 1 = 2	3 + 6 = 9	4 + 4 = 8	6 + 2 = 8	3 + 2 = 5

2

18 − 2 = 16	17 − 5 = 12	16 − 4 = 12	17 − 6 = 11	20 − 8 = 12
8 − 2 = 6	7 − 5 = 2	6 − 4 = 2	7 − 6 = 1	10 − 8 = 2

3 Tauschaufgaben

8 + 7 = 15	7 + 6 = 13	6 + 9 = 15	9 + 4 = 13
7 + 8 = 15	6 + 7 = 13	9 + 6 = 15	4 + 9 = 13

4 Umkehraufgaben

4 + 8 = 12	8 + 6 = 14	6 + 5 = 11	9 + 7 = 16
12 − 8 = 4	14 − 6 = 8	11 − 5 = 6	16 − 7 = 9

68

Uhrzeiten ablesen

2 Uhr	3 Uhr	6 Uhr	8 Uhr
14 Uhr	15 Uhr	18 Uhr	20 Uhr

11 Uhr	10 Uhr	7 Uhr	5 Uhr
23 Uhr	22 Uhr	19 Uhr	17 Uhr

69

Rechentiger 1 – Lösungen (Seite 70–73)

Uhrzeiten darstellen

✏️ Zeichne den Stundenzeiger ein.

2 Uhr 4 Uhr 9 Uhr 12 Uhr

15 Uhr 22 Uhr 13 Uhr 19 Uhr

Plus- und Minusaufgaben üben

①
9 + 2 = 11	9 + 7 = 16	7 + 7 = 14	4 + 6 = 10
8 + 3 = 11	9 + 6 = 15	5 + 8 = 13	8 + 3 = 11
7 + 4 = 11	9 + 5 = 14	3 + 9 = 12	7 + 5 = 12
6 + 5 = 11	9 + 4 = 13	5 + 6 = 11	10 + 3 = 13
5 + 6 = 11	9 + 3 = 12	7 + 3 = 10	4 + 10 = 14

②
16 – 8 = 8	16 – 6 = 10	14 – 9 = 5	14 – 6 = 8
15 – 7 = 8	17 – 7 = 10	15 – 9 = 6	14 – 7 = 7
14 – 6 = 8	18 – 8 = 10	16 – 9 = 7	12 – 6 = 6
17 – 8 = 9	19 – 9 = 10	17 – 9 = 8	13 – 8 = 5
18 – 9 = 9	20 – 10 = 10	18 – 9 = 9	11 – 7 = 4

Tiger-Training 7

8 + 4 = 12	16 – 8 = 8	
6 + 5 = 11	13 – 6 = 7	
7 + 8 = 15	19 – 10 = 9	
5 + 9 = 14	11 – 5 = 6	
8 + 9 = 17	14 – 9 = 5	
4 + 6 = 10	12 – 9 = 3	

18 – 9 = 9	9 + 6 = 15	
11 – 8 = 3	8 + 3 = 11	
14 – 7 = 7	9 + 10 = 19	
15 – 5 = 10	5 + 9 = 14	
12 – 8 = 4	6 + 6 = 12	
16 – 10 = 6	9 + 4 = 13	

Wenn die Enten genau gleich aussehen, hast du die Aufgaben richtig gelöst.

Rechnen in Tabellen

①
+	2	4	6
3	5	7	9
5	7	9	11
9	11	13	15

+	4	6	8
4	8	10	12
6	10	12	14
8	12	14	16

②
–	3	5	8
10	7	5	2
13	10	8	5
17	14	12	9

–	2	7	10
12	10	5	2
15	13	8	5
20	18	13	10

③
+	5	7	9
1	6	8	10
5	10	12	14
7	12	14	16

–	4	6	9
13	9	7	4
14	10	8	5
18	14	12	9

Nachbaraufgaben – Minus

$12 - 3 = 9$
$13 - 2 = 11$ | $13 - 3 = 10$ | $13 - 4 = 9$
$14 - 3 = 11$

$13 - 6 = 7$
$14 - 5 = 9$ | $14 - 6 = 8$ | $14 - 7 = 7$
$15 - 6 = 9$

$14 - 1 = 13$
$15 - 0 = 15$ | $15 - 1 = 14$ | $15 - 2 = 13$
$16 - 1 = 15$

$16 - 9 = 7$
$17 - 8 = 9$ | $17 - 9 = 8$ | $17 - 10 = 7$
$18 - 9 = 9$

$18 - 5 = 13$
$19 - 4 = 15$ | $19 - 5 = 14$ | $19 - 6 = 13$
$20 - 5 = 15$

74

Das kann ich schon 8

1) *
$1 + 7 + 9 = 17$ $19 - 6 - 9 = 4$ $8 + 5 + 2 = 15$
$4 + 4 + 6 = 14$ $12 - 3 - 2 = 7$ $13 - 5 - 3 = 5$
$3 + 8 + 7 = 18$ $16 - 8 - 6 = 2$ $5 + 6 + 5 = 16$
$2 + 6 + 8 = 16$ $14 - 7 - 4 = 3$ $17 - 4 - 7 = 6$

2)

+	0	8	9
2	2	10	11
4	4	12	13
6	6	14	15

–	5	7	4
13	8	6	9
10	5	3	6
8	3	1	4

3)

4 Uhr
16 Uhr   15 Uhr

Wie gut kannst du diese Aufgaben? Male das passende Gesicht an.
Beispiellösung: andere Färbungen sind möglich.

75

Tiger-Päckchen – Plus und minus

1)
$11 + 6 = 17$ $17 + 3 = 20$ $6 + 5 = 11$ $3 + 9 = 12$
$12 + 5 = 17$ $16 + 4 = 20$ $7 + 5 = 12$ $4 + 10 = 14$
$13 + 4 = 17$ $15 + 5 = 20$ $8 + 5 = 13$ $5 + 11 = 16$
$14 + 3 = 17$ $14 + 6 = 20$ $9 + 5 = 14$ $6 + 12 = 18$
$15 + 2 = 17$ $13 + 7 = 20$ $10 + 5 = 15$ $7 + 13 = 20$

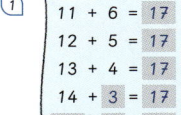 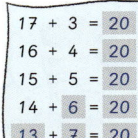 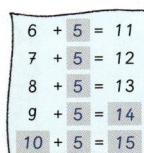

2)
$19 - 1 = 18$ $13 - 2 = 11$ $15 - 7 = 8$ $10 - 8 = 2$
$18 - 2 = 16$ $14 - 3 = 11$ $14 - 7 = 7$ $11 - 7 = 4$
$17 - 3 = 14$ $15 - 4 = 11$ $13 - 7 = 6$ $12 - 6 = 6$
$16 - 4 = 12$ $16 - 5 = 11$ $12 - 7 = 5$ $13 - 5 = 8$
$15 - 5 = 10$ $17 - 6 = 11$ $11 - 7 = 4$ $14 - 4 = 10$

76

Richtig oder falsch?

1) Richtig ✓ oder falsch ✗?

$12 + 1 = 13$ ✓ $8 + 4 = 11$ ✗ $8 + 4 = 12$
$14 + 3 = 16$ ✗ $14 + 3 = 17$ $7 + 8 = 14$ ✗ $7 + 8 = 15$
$15 + 4 = 20$ ✗ $15 + 4 = 19$ $9 + 3 = 12$ ✓

2)
$13 - 1 = 12$ ✓ $12 - 4 = 8$ ✓
$14 - 3 = 10$ ✗ $14 - 3 = 11$ $17 - 7 = 9$ ✗ $17 - 7 = 10$
$15 - 4 = 11$ ✓ $19 - 9 = 10$ ✓

3)
$14 + 2 < 18$ ✓ $11 - 3 > 7$ ✓
$15 + 3 < 19$ ✓ $12 - 6 > 6$ ✗ $12 - 6 = 6$
$16 + 2 < 17$ ✗ $16 + 2 > 17$ $15 - 7 > 8$ ✗ $15 - 7 = 8$

77

Rechendreiecke und Rechenmauern

1

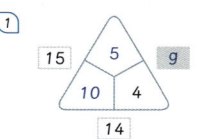 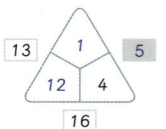 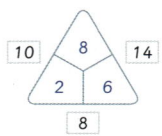

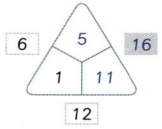 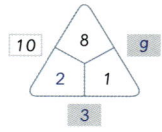 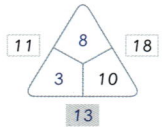

2

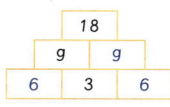 

Über den Zehner – Plus und minus

1

6 | 13 | 7   4 | 12 | 8   9 | 17 | 8

6 + 7 = 13	4 + 8 = 12	9 + 8 = 17
7 + 6 = 13	8 + 4 = 12	8 + 9 = 17
13 − 6 = 7	12 − 8 = 4	17 − 8 = 9
13 − 7 = 6	12 − 4 = 8	17 − 9 = 8

2

+	5	8	10
4	9	12	14
7	12	15	17

+	6	7	9
8	14	15	17
6	12	13	15

3

−	4	6	9
13	9	7	4
15	11	9	6

−	5	7	8
16	11	9	8
11	6	4	3

Tiger-Training 8

18 − 4 = 14	11 − 8 = 3	8 + 6 = 14	0 + 18 = 18
6 + 9 = 15	13 + 6 = 19	20 − 8 = 12	11 − 6 = 5
17 − 8 = 9	13 − 5 = 8	14 + 6 = 20	9 + 4 = 13
5 + 7 = 12	11 + 5 = 16	15 − 0 = 15	3 + 7 = 10
15 − 8 = 7	12 − 10 = 2	12 − 8 = 4	16 − 5 = 11
14 + 4 = 18	14 − 9 = 5	16 − 10 = 6	12 − 9 = 3

 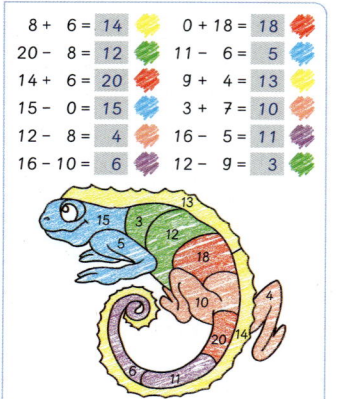

Wenn die Chamäleons genau gleich aussehen, hast du die Aufgaben richtig gelöst.

Rechenmauern

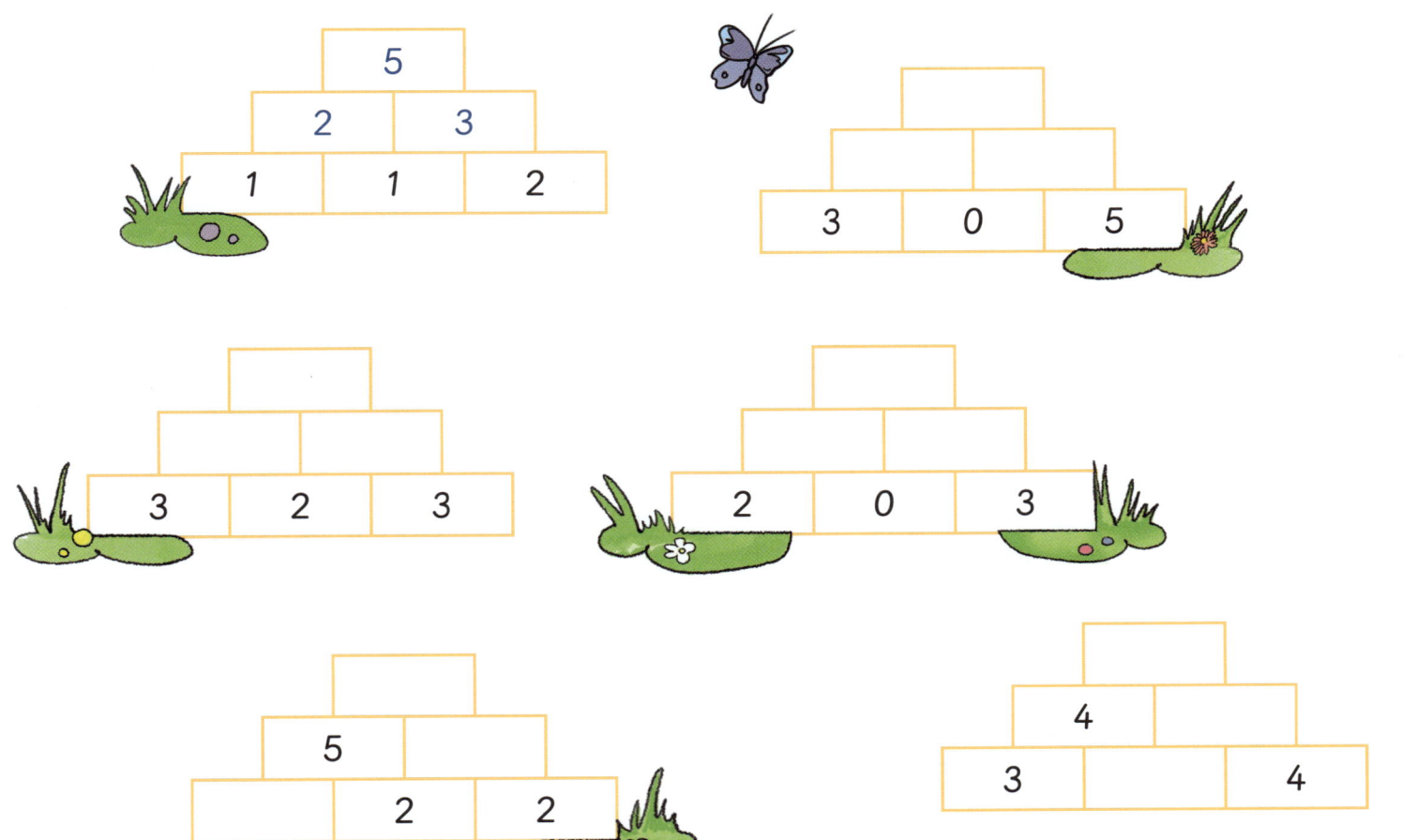

41

3 + 6 = g 🟧   10 − 4 = ☐ ⬛
3 + 2 = ☐ 🟦   9 − 7 = ☐ 🟦
2 + 8 = ☐ 🟪   8 − 4 = ☐ 🟧
5 + 2 = ☐ 🟨   10 − 10 = ☐ 🟧
2 + 6 = ☐ 🟩   9 − 8 = ☐ ⬛

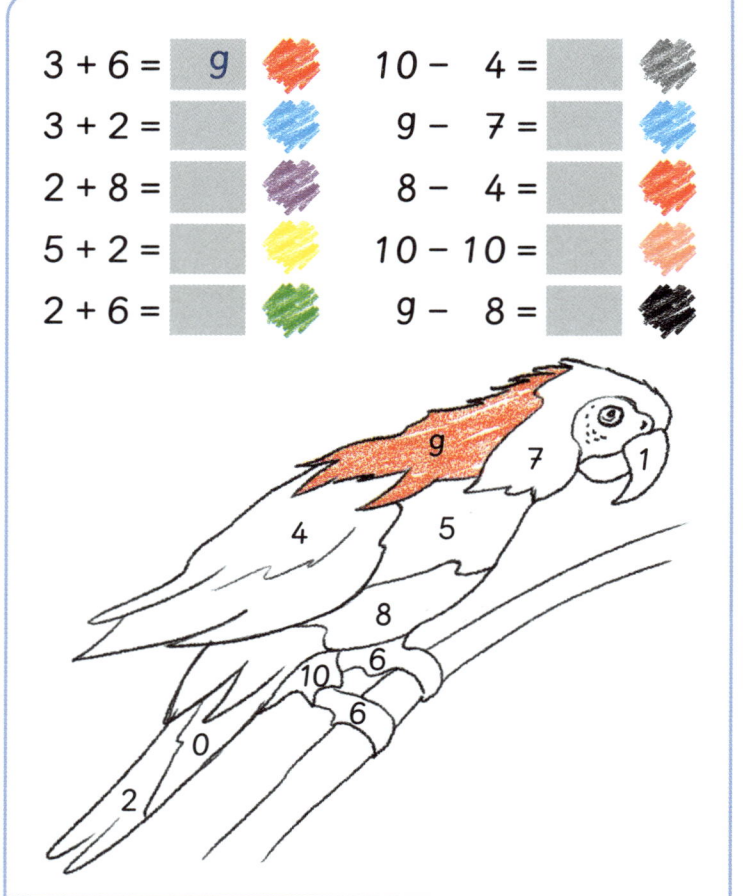

8 − 6 = ☐ 🟦   0 + 0 = ☐ 🟩
8 − 7 = ☐ 🟧   5 + 4 = ☐ ⬛
6 − 2 = ☐ 🟪   3 + 4 = ☐ 🟧
9 − 6 = ☐ 🟨   4 + 2 = ☐ ⬛
10 − 2 = ☐ 🟧   1 + 4 = ☐ 🟦

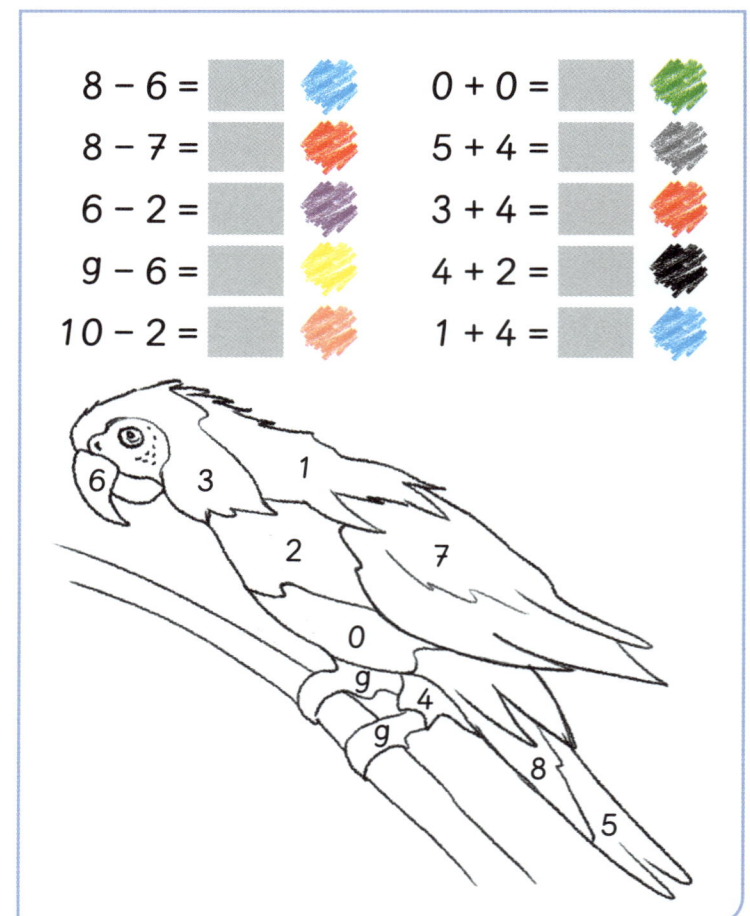

Wenn die Papageien genau gleich aussehen,
hast du die Aufgaben richtig gelöst.

Rechengeschichten – Plus oder minus?

$2 + 2 = 4$

$7 \bigcirc \square = \square$

$3 \bigcirc \square = \square$

$\square \bigcirc \square = \square$

$\square \bigcirc \square = \square$

$\square \bigcirc \square = \square$

$\square \bigcirc \square = \square$

$\square \bigcirc \square = \square$

Zu Zehnern bündeln

1

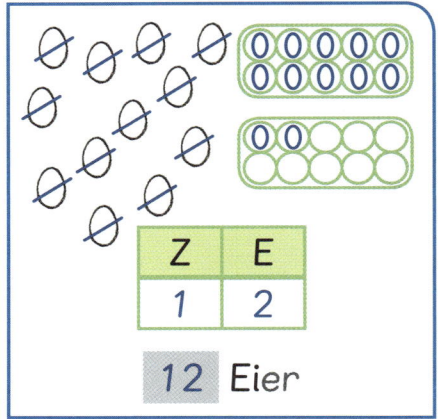

Z	E
1	2

12 Eier

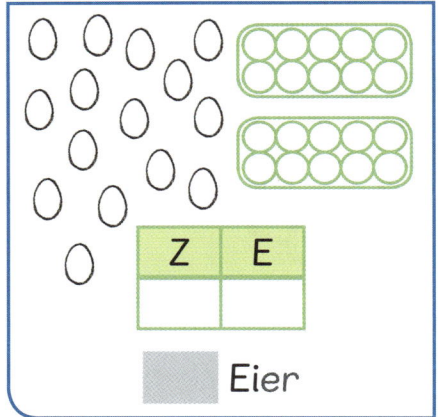

Z	E

Eier

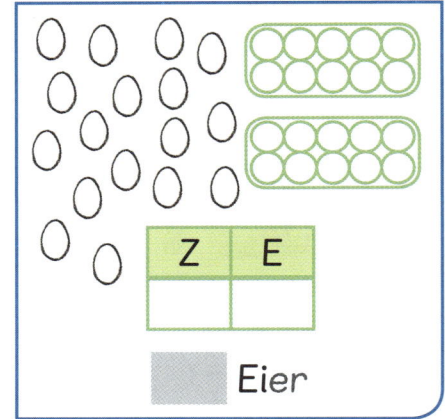

Z	E

Eier

2

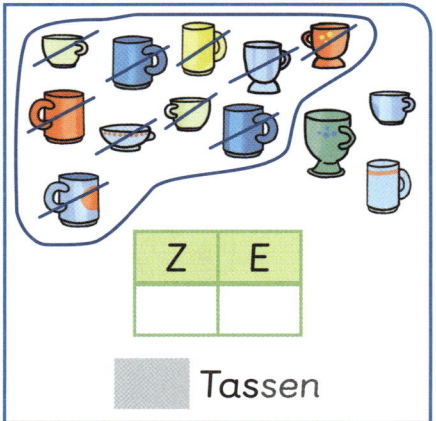

Z	E

Tassen

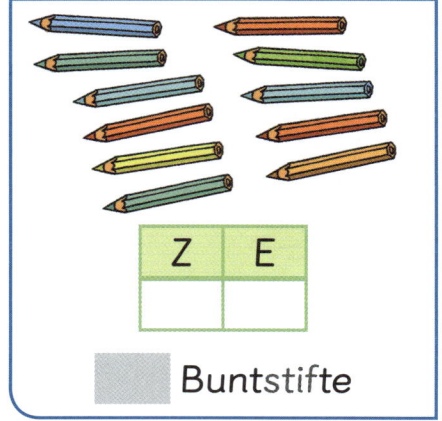

Z	E

Buntstifte

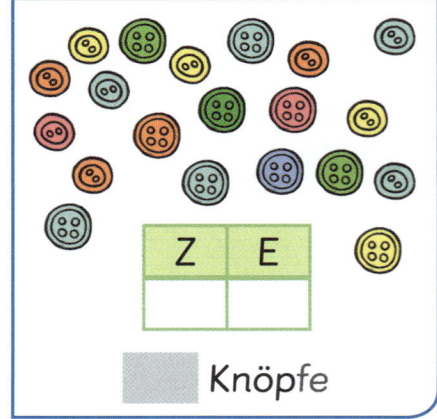

Z	E

Knöpfe

1

Z	E
1	2

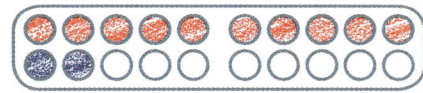

Z	E
1	4

Z	E
1	9

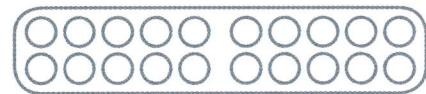

Z	E
1	7

2

Z	E
1	5

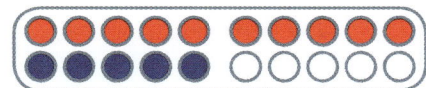

Z	E

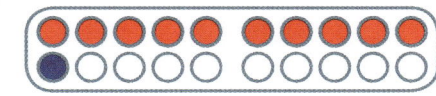

Z	E

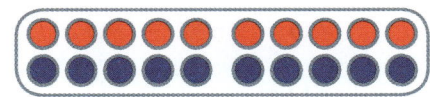

Z	E

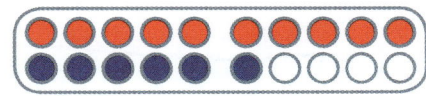

3

14 = 1 Z 4 E   13 = ☐ Z ☐ E   10 = ☐ Z ☐ E

16 = ☐ Z ☐ E   11 = ☐ Z ☐ E   9 = ☐ Z ☐ E

20 = ☐ Z ☐ E   17 = ☐ Z ☐ E   18 = ☐ Z ☐ E

1

10 + 4 = ☐

10 + 6 = ☐

10 + 1 = ☐

10 + 5 = ☐

10 + 0 = ☐

10 + 10 = ☐

2 + 10 = ☐

7 + 10 = ☐

3 + 10 = ☐

9 + 10 = ☐

8 + 10 = ☐

0 + 10 = ☐

2

13 − ☐ = 10

15 − ☐ = 10

20 − ☐ = 10

17 − ☐ = 10

19 − ☐ = 10

14 − ☐ = 10

☐ − 1 = 10

☐ − 0 = 10

☐ − 6 = 10

☐ − 2 = 10

☐ − 10 = 10

☐ − 8 = 10

3

10 + 5 = ☐

10 + 6 = ☐

10 + 7 = ☐

10 + ☐ = ☐

☐ + ☐ = ☐

☐ + ☐ = ☐

10 − ☐ = 10

11 − ☐ = 10

12 − ☐ = 10

☐ − ☐ = ☐

☐ − ☐ = ☐

☐ − ☐ = ☐

1 + 10 = ☐

3 + 10 = ☐

5 + 10 = ☐

☐ + 10 = ☐

☐ + 10 = ☐

18 − 8 = ☐

16 − 6 = ☐

14 − 4 = ☐

☐ − ☐ = ☐

☐ − ☐ = ☐

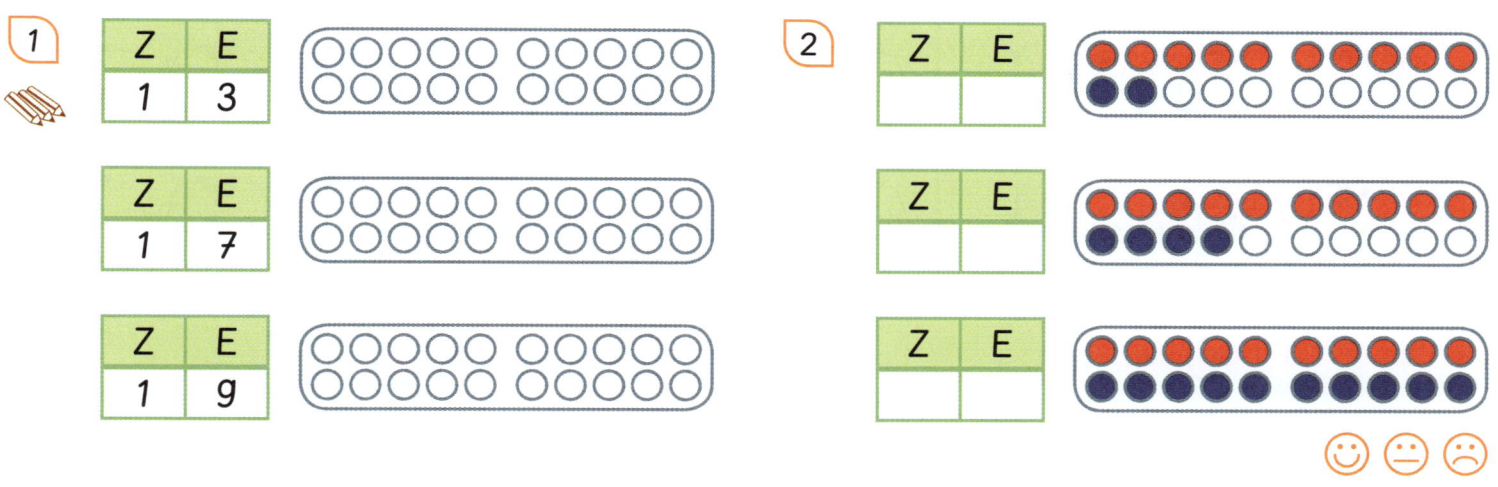

1

Z	E
1	3

Z	E
1	7

Z	E
1	9

2

Z	E

Z	E

Z	E

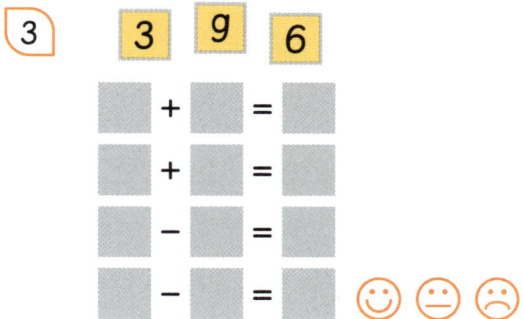

3   3   9   6

☐ + ☐ = ☐

☐ + ☐ = ☐

☐ − ☐ = ☐

☐ − ☐ = ☐   ☺ 😐 ☹

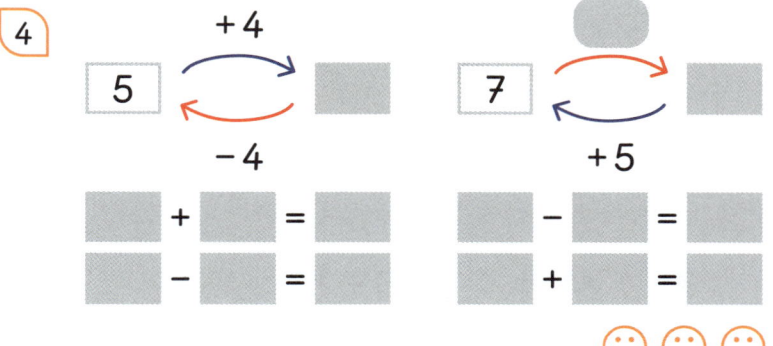

4

+4

5 → ☐

−4

☐ + ☐ = ☐

☐ − ☐ = ☐

+5

7 → ☐

☐ − ☐ = ☐

☐ + ☐ = ☐   ☺ 😐 ☹

Wie gut kannst du diese Aufgaben? Male das passende Gesicht an.

1

2

Vorgänger	Zahl	Nachfolger
13	14	15
	17	
	12	
	19	
	11	

Vorgänger	Zahl	Nachfolger
	18	
		17
	15	
10		
		20

3

13 + 1 = ☐   15 + 1 = ☐   17 + 1 = ☐   19 + 1 = ☐   16 + 1 = ☐

13 − 1 = ☐   15 − 1 = ☐   17 − 1 = ☐   19 − 1 = ☐   16 − 1 = ☐

48

Der Zahlenstrahl

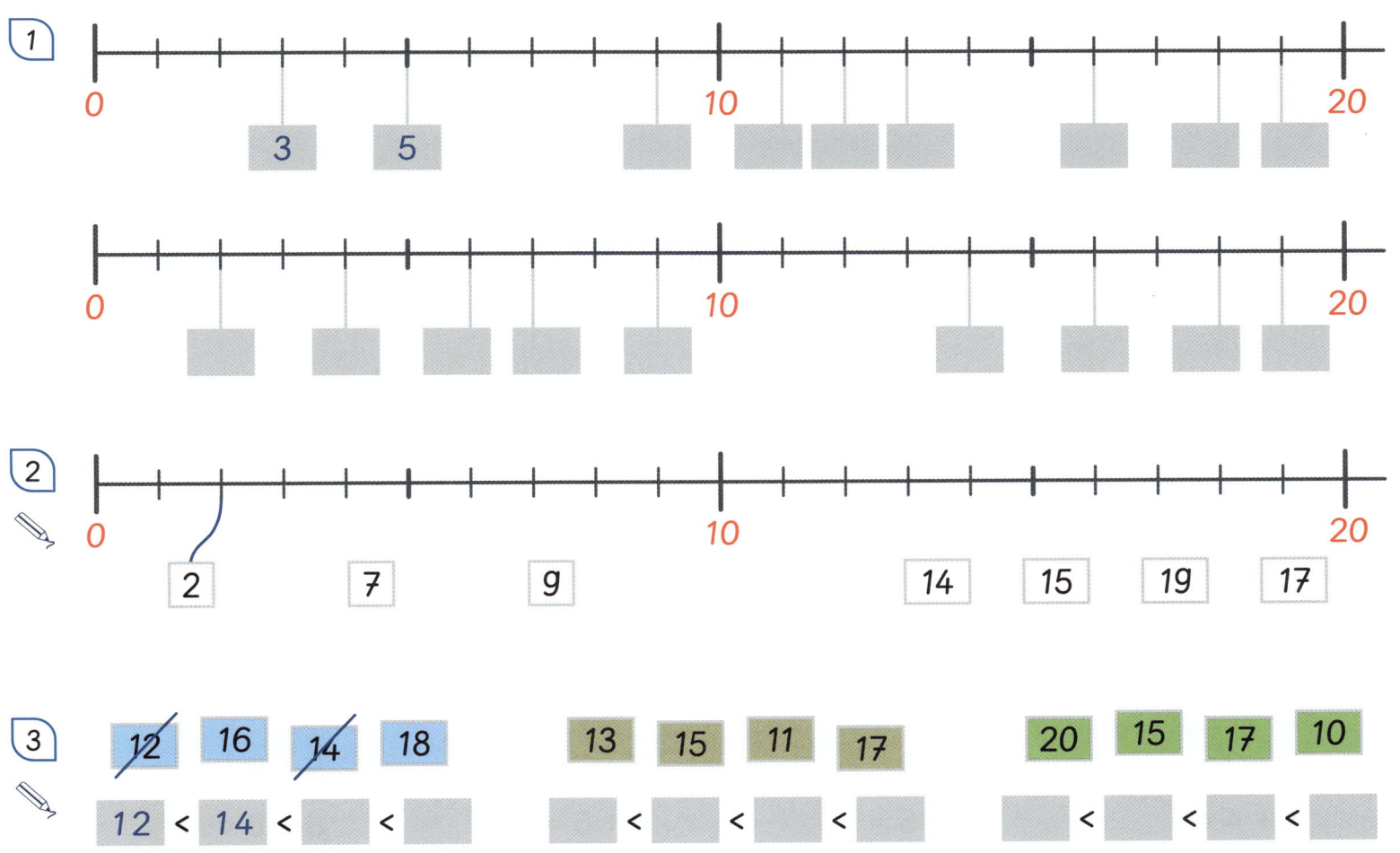

1

0 ——————————————————— 10 ——————————————————— 20

3   5

0 ——————————————————— 10 ——————————————————— 20

2

0 ——————————————————— 10 ——————————————————— 20

2   7   9   14   15   19   17

3

12   16   14   18   13   15   11   17   20   15   17   10

12 < 14 < ☐ < ☐   ☐ < ☐ < ☐ < ☐   ☐ < ☐ < ☐ < ☐

49

Verdoppeln

1

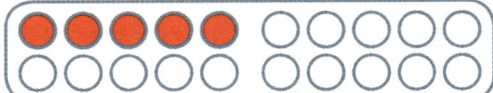 verdoppeln →

5

5 + 5 =

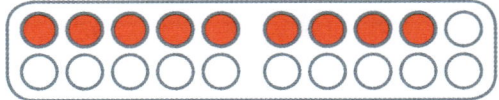 verdoppeln →

☐

☐ + ☐ = ☐

2

Zahl	3	4	5	2	9	8			
das Doppelte	6						12	14	20

3

2 + 2 = ☐   3 + 3 = ☐   7 + 7 = ☐   9 + 9 = ☐

4 + 4 = ☐   5 + 5 = ☐   6 + 6 = ☐   8 + 8 = ☐

50

Halbieren

1

 halbieren →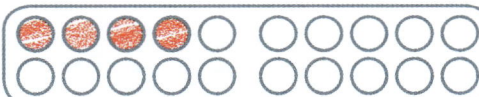

8

$8 - 4 =$

 halbieren →

16

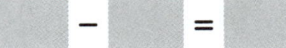

☐ − ☐ = ☐

2

Zahl	4	8	6	10	12			
die Hälfte	2					7	9	8	10

3

$6 - 3 =$ $8 - 4 =$ $10 - 5 =$ $20 - 10 =$

$4 - 2 =$ $12 - 6 =$ $14 - 7 =$ $16 - 8 =$

51

4 + 3 = 7 🟡

5 + 4 = 🔴

3 + 5 = 🔵

6 + 6 = ⬛

7 + 3 = 🟠

7 + 7 = 🟢

2 + 2 = 🔴

9 + 9 = 🟢

10 + 10 = 🔵

8 + 8 = 🟡

3 + 3 = ⬛

4 + 1 = 🟠

14 − 7 = 🔴

4 − 3 = 🔵

12 − 6 = 🟡

8 − 5 = ⬛

9 − 4 = 🟠

7 − 3 = 🟢

2 − 2 = 🟡

11 − 0 = 🟢

16 − 8 = 🔴

10 − 0 = 🔵

5 − 3 = ⬛

18 − 9 = 🟠

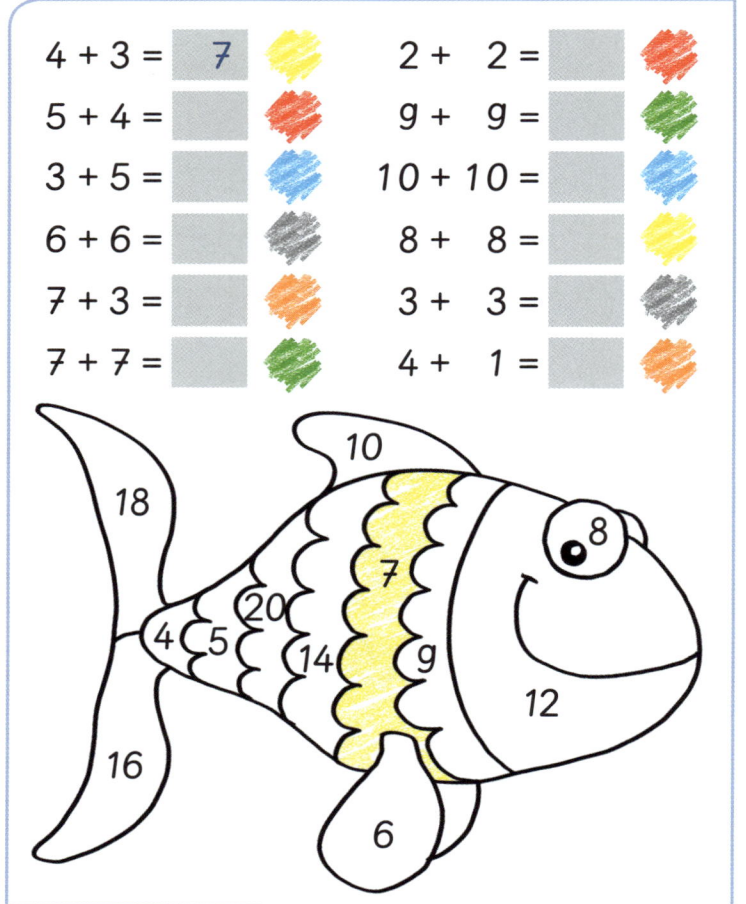

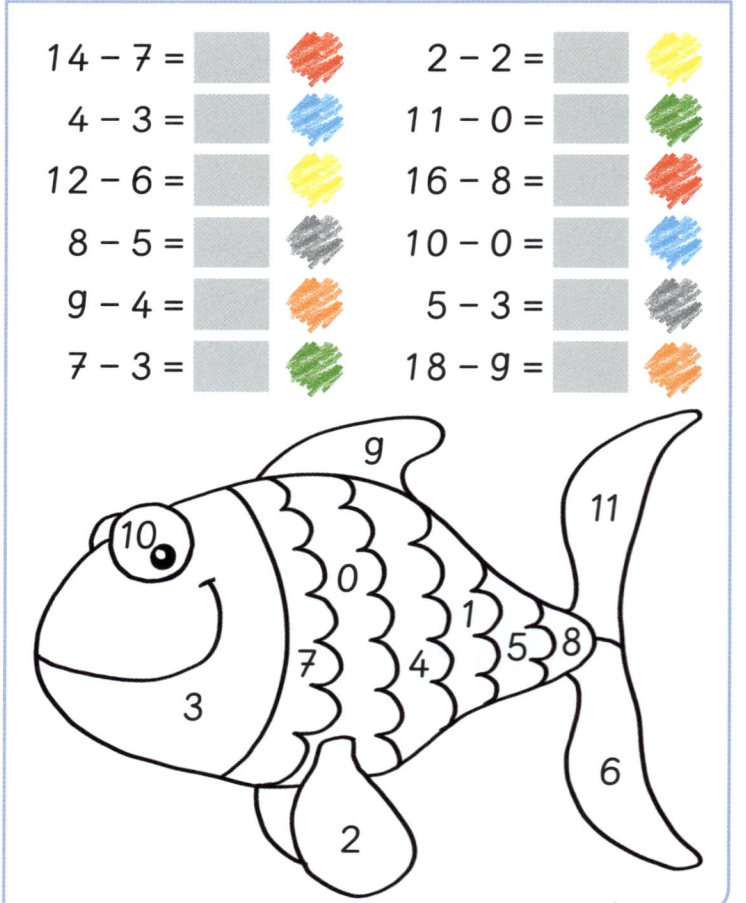

Wenn die Fische genau gleich aussehen,
hast du die Aufgaben richtig gelöst.

Gerade und ungerade Zahlen

✎ Wie kommt der Rechentiger zum Fluss? Folge den geraden Zahlen.

Kleine und große Aufgaben

1

1 + 1 = ▢   3 + 6 = ▢   4 + 4 = ▢   6 + 2 = ▢

11 + 1 = ▢   13 + 6 = ▢   14 + 4 = ▢   16 + ▢ = ▢

2

4 + 5 = ▢   ▢ + ▢ = ▢   ▢ + ▢ = ▢

14 + 5 = ▢   17 + 3 = ▢   16 + 3 = ▢

3

8 − 2 = ▢   7 − 5 = ▢   6 − 4 = ▢   10 − 8 = ▢

18 − 2 = ▢   17 − 5 = ▢   16 − 4 = ▢   20 − ▢ = ▢

4

5 − 3 = ▢   ▢ − ▢ = ▢   ▢ − ▢ = ▢

15 − 3 = ▢   17 − 4 = ▢   18 − 3 = ▢

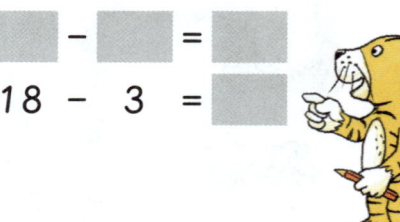

1

$3 + \boxed{} = 10$	$\boxed{} + 4 = 10$	$10 + 3 = \boxed{}$	$10 - 3 = \boxed{}$	$19 - \boxed{} = 10$
$1 + \boxed{} = 10$	$\boxed{} + 6 = 10$	$10 + 5 = \boxed{}$	$10 - 4 = \boxed{}$	$12 - \boxed{} = 10$
$7 + \boxed{} = 10$	$\boxed{} + 1 = 10$	$10 + 7 = \boxed{}$	$10 - 6 = \boxed{}$	$16 - \boxed{} = 10$
$2 + \boxed{} = 10$	$\boxed{} + 5 = 10$	$10 + 9 = \boxed{}$	$10 - 8 = \boxed{}$	$14 - \boxed{} = 10$
$8 + \boxed{} = 10$	$\boxed{} + 10 = 10$	$10 + 10 = \boxed{}$	$10 - 9 = \boxed{}$	$20 - \boxed{} = 10$

2

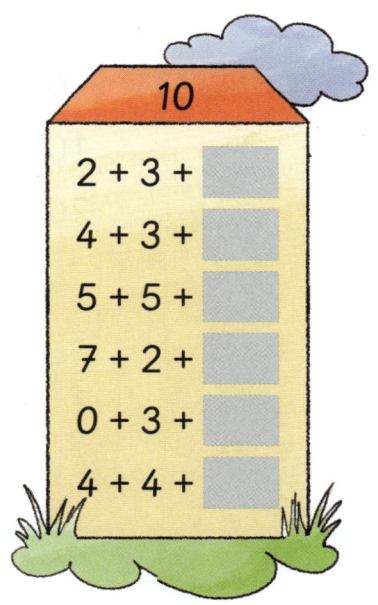

1

Vorgänger	Zahl	Nachfolger
	18	
	16	
	13	
	15	

Vorgänger	Zahl	Nachfolger
	17	
		12
	10	
13		

2

$2 + 2 = $ ⬜ $4 + 4 = $ ⬜

$7 + 7 = $ ⬜ $5 + 5 = $ ⬜

$9 + 9 = $ ⬜ $6 + 6 = $ ⬜

☺ ☐ ☹

3

$6 - 3 = $ ⬜ $18 - 9 = $ ⬜

$10 - 5 = $ ⬜ $14 - 7 = $ ⬜

$20 - 10 = $ ⬜ $16 - 8 = $ ⬜

☺ ☐ ☹

4

$5 + 5 = $ ⬜ $8 + 1 = $ ⬜ $7 - 2 = $ ⬜ $9 - 7 = $ ⬜

$15 + 5 = $ ⬜   ⬜ $+$ ⬜ $= $ ⬜   ⬜ $-$ ⬜ $= $ ⬜   ⬜ $-$ ⬜ $= $ ⬜

Wie gut kannst du diese Aufgaben? Male das passende Gesicht an.

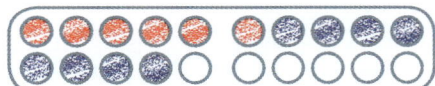

6 + 8 =

6 + 4 = 10

10 + 4 =

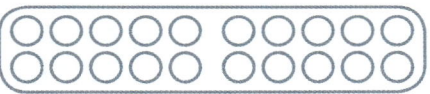

7 + 5 =

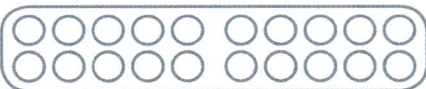

4 + 10 =

2 + 9 =

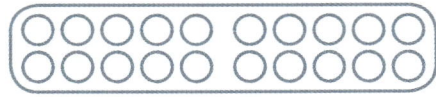

8 + 7 =

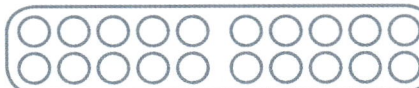

9 + 4 =

57

4 + 7 =

4 + 6 = 10

10 + 1 =

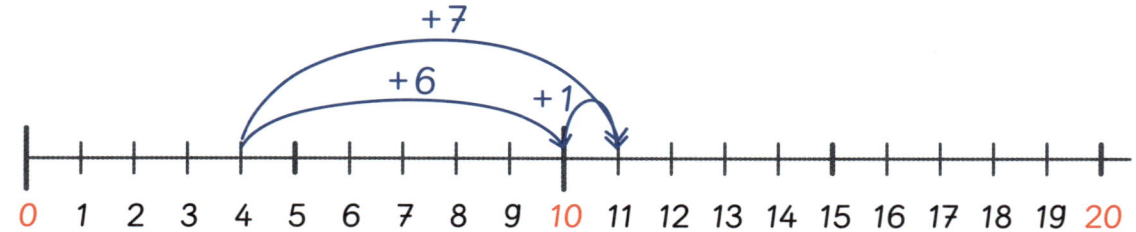

8 + 6 =

7 + 8 =

1

8 + 5 = ☐
8 + 6 = ☐
8 + 7 = ☐
8 + ☐ = ☐
8 + ☐ = ☐

7 + 5 = ☐
8 + 5 = ☐
9 + 5 = ☐
☐ + 5 = ☐
☐ + 5 = ☐

6 + 5 = ☐
6 + 6 = ☐
6 + ☐ = ☐
6 + ☐ = ☐
☐ + ☐ = ☐

7 + 7 = ☐
8 + 7 = ☐
☐ + 7 = ☐
☐ + ☐ = ☐
☐ + ☐ = ☐

2

| 4 | 12 | 8 |

4 + 8 = 12
8 + ☐ = 12
12 − ☐ = 8
12 − ☐ = 4

| 8 | 15 | 7 |

☐ + ☐ = ☐
☐ + ☐ = ☐
☐ − ☐ = ☐
☐ − ☐ = ☐

| 8 | 17 | 9 |

☐ + ☐ = ☐
☐ + ☐ = ☐
☐ − ☐ = ☐
☐ − ☐ = ☐

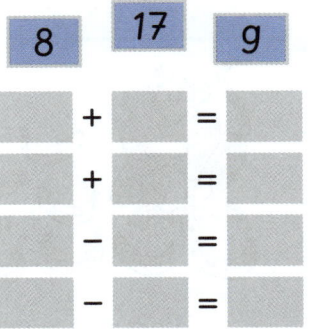

5 Personen steigen noch ein.

g + ▢ = ▢

4 Vögel fliegen noch auf den Baum.

▢ ● ▢ = ▢

Die Affen essen 6 Bananen.

▢ ● ▢ = ▢

5 Kinder gehen nach Hause.

▢ ● ▢ = ▢

$10 + 10 = 20$

$9 + 6 =$

$7 + 7 =$

$5 + 2 =$

$8 + 9 =$

$4 + 7 =$

$6 + 7 =$

$3 + 6 =$

$9 + 9 =$

$11 + 5 =$

$6 + 4 =$

$10 + 9 =$

$5 + 4 =$

$8 + 8 =$

$5 + 10 =$

$14 + 6 =$

$10 + 4 =$

$6 + 2 =$

$12 + 5 =$

$8 + 5 =$

$7 + 3 =$

$6 + 6 =$

$13 + 5 =$

$5 + 6 =$

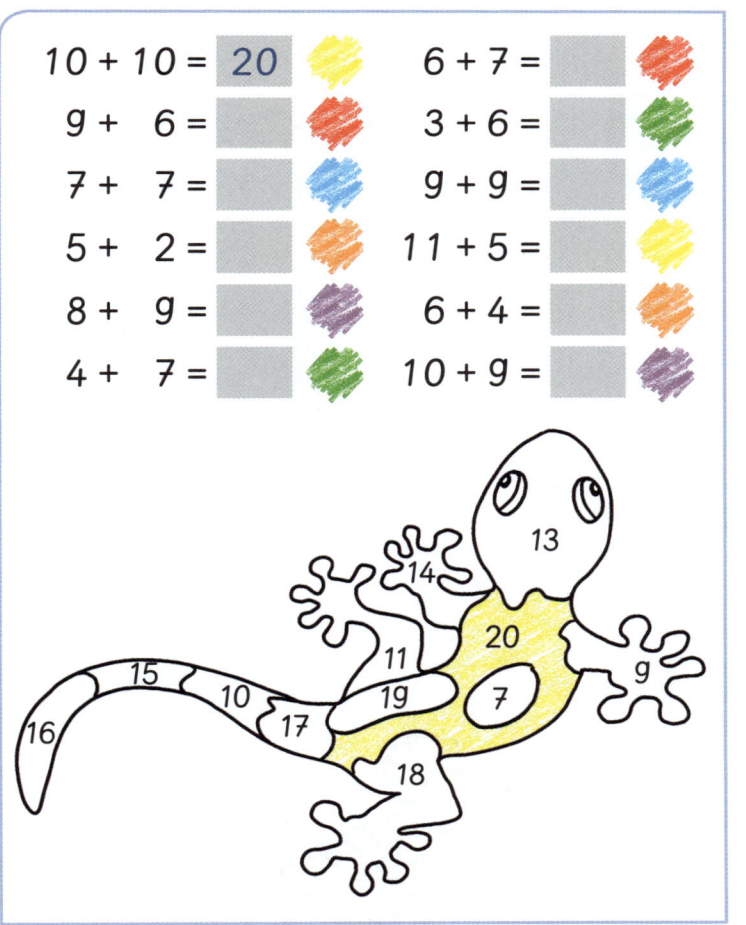

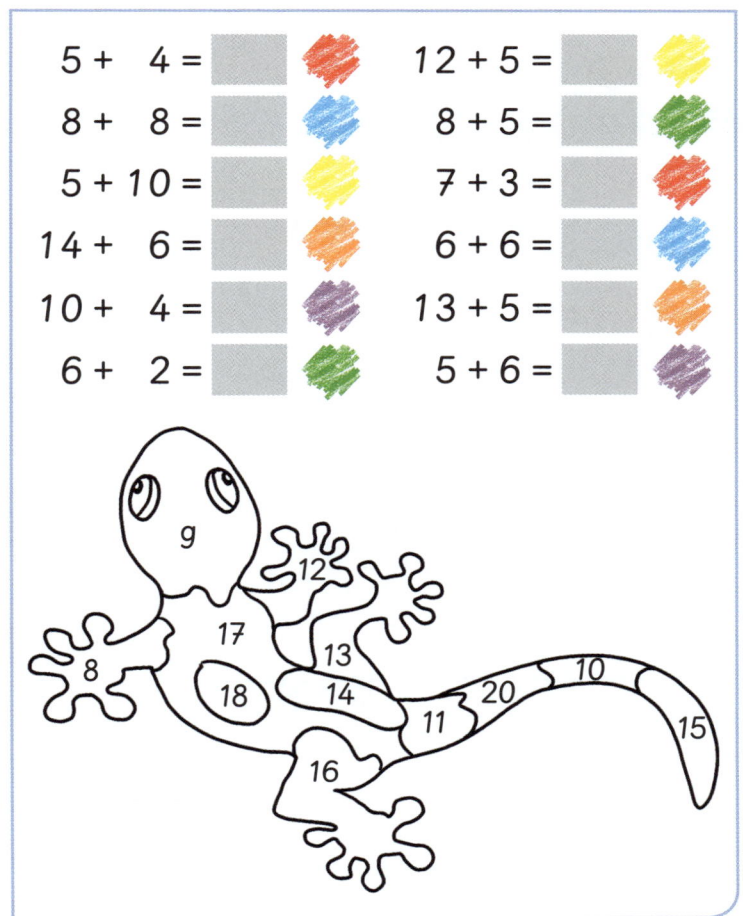

Wenn die Geckos genau gleich aussehen,
hast du die Aufgaben richtig gelöst.

1

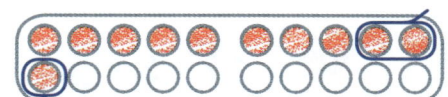

11 − 3 = ☐

11 − 1 = 10

10 − 2 =

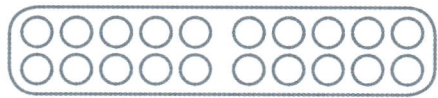

12 − 8 = ☐

14 − 5 = ☐

2

19 − 10 = ☐

15 − 7 = ☐

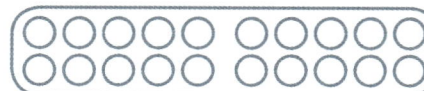

13 − 6 = ☐

62

11 – 7 =

11 – 1 = 10

10 – 6 =

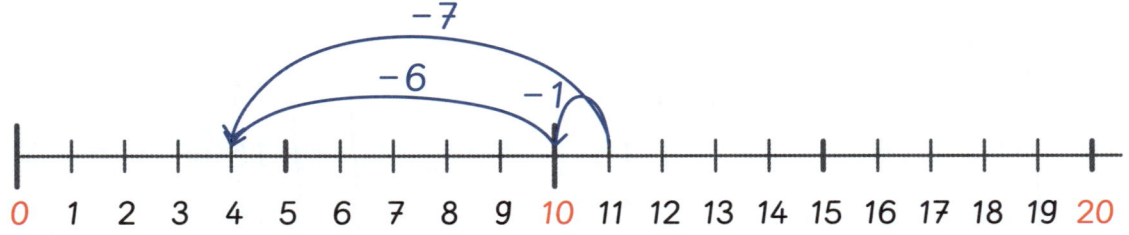

15 – 6 =

13 – 8 =

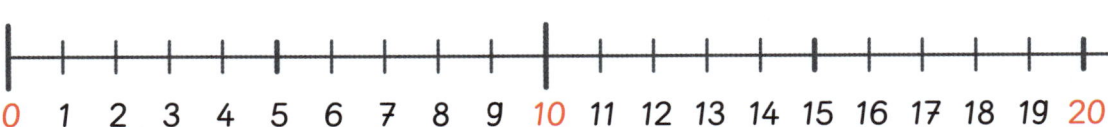

1

12 − 5 = ⬜	14 − 7 = ⬜	13 − 5 = ⬜	11 − 5 = ⬜
13 − 5 = ⬜	15 − 7 = ⬜	14 − 6 = ⬜	12 − 6 = ⬜
14 − 5 = ⬜	16 − 7 = ⬜	15 − 7 = ⬜	13 − 7 = ⬜
15 − 5 = ⬜	17 − 7 = ⬜	16 − 8 = ⬜	14 − 8 = ⬜
⬜ − ⬜ = ⬜	⬜ − ⬜ = ⬜	⬜ − ⬜ = ⬜	⬜ − ⬜ = ⬜

2

6	10	4

4 + ⬜ = 10
6 + ⬜ = 10
10 − ⬜ = 6
10 − ⬜ = 4

9	14	5

⬜ + ⬜ = ⬜
⬜ + ⬜ = ⬜
⬜ − ⬜ = ⬜
⬜ − ⬜ = ⬜

3	12	9

⬜ + ⬜ = ⬜
⬜ + ⬜ = ⬜
⬜ − ⬜ = ⬜
⬜ − ⬜ = ⬜

1

$$5 + 7 = \boxed{}$$

_____

_____

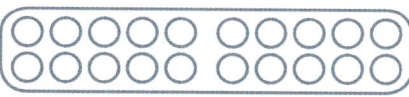

$$9 + 8 = \boxed{}$$

_____

_____

2

$$15 - 8 = \boxed{}$$

_____

_____

$$11 - 5 = \boxed{}$$

_____

_____

3

$6 + 4 = \boxed{}$	$7 + 5 = \boxed{}$	$12 - 6 = \boxed{}$	$14 - 6 = \boxed{}$
$7 + 4 = \boxed{}$	$8 + 6 = \boxed{}$	$12 - 7 = \boxed{}$	$13 - 5 = \boxed{}$
$8 + 4 = \boxed{}$	$9 + 7 = \boxed{}$	$12 - 8 = \boxed{}$	$12 - 4 = \boxed{}$

Wie gut kannst du diese Aufgaben? Male das passende Gesicht an.

Geschickt rechnen mit drei Zahlen

1   5 + 6 + 5 = 16   2 + 4 + 8 =   0 + 6 + 10 =

   4 + 3 + 6 =   6 + 4 + 5 =   7 + 3 + 2 =

    2 + 8 + 7 =   8 + 8 + 2 =   6 + 7 + 4 =

    3 + 6 + 7 =   5 + 9 + 5 =   2 + 8 + 8 =

    9 + 8 + 1 =   1 + 9 + 9 =   3 + 6 + 4 =

2   13 − 4 − 3 = 6   20 − 8 − 10 =   12 − 8 − 2 =

   15 − 6 − 5 =   16 − 3 − 6 =   13 − 3 − 9 =

    18 − 8 − 1 =   17 − 5 − 7 =   18 − 6 − 8 =

    14 − 4 − 5 =   16 − 6 − 2 =   17 − 7 − 2 =

    12 − 4 − 2 =   11 − 1 − 7 =   14 − 5 − 4 =

Nachbaraufgaben – Plus

	3 + 5 =	
4 + 4 =	4 + 5 = g	4 + 6 =
	5 + 5 =	

	__ + 6 =	
3 + __ =	3 + 6 =	3 + __ =
	__ + 6 =	

	__ + 3 =	
8 + __ =	8 + 3 =	8 + __ =
	__ + 3 =	

	__ + 7 =	
5 + __ =	5 + 7 =	5 + __ =
	__ + 7 =	

	__ + 4 =	
g + __ =	g + 4 =	g + __ =
	__ + 4 =	

67

1 Kleine Aufgaben – große Aufgaben

11 + 1 = ☐   13 + 6 = ☐   14 + 4 = ☐   16 + ☐ = ☐   13 + ☐ = ☐
1 + 1 = ☐   3 + 6 = ☐   4 + 4 = ☐   6 + 2 = ☐   3 + 2 = ☐

2 18 – 2 = ☐   17 – 5 = ☐   16 – 4 = ☐   17 – ☐ = ☐   20 – ☐ = ☐
8 – 2 = ☐   7 – 5 = ☐   6 – 4 = ☐   7 – 6 = ☐   10 – 8 = ☐

3 Tauschaufgaben

8 + 7 = ☐   7 + 6 = ☐   6 + 9 = ☐   9 + 4 = ☐
7 + 8 = ☐   ☐ + ☐ = ☐   ☐ + ☐ = ☐   ☐ + ☐ = ☐

4 Umkehraufgaben

4 + 8 = ☐   8 + 6 = ☐   6 + 5 = ☐   9 + 7 = ☐
12 – 8 = ☐   ☐ – 6 = ☐   ☐ – ☐ = ☐   ☐ – ☐ = ☐

68

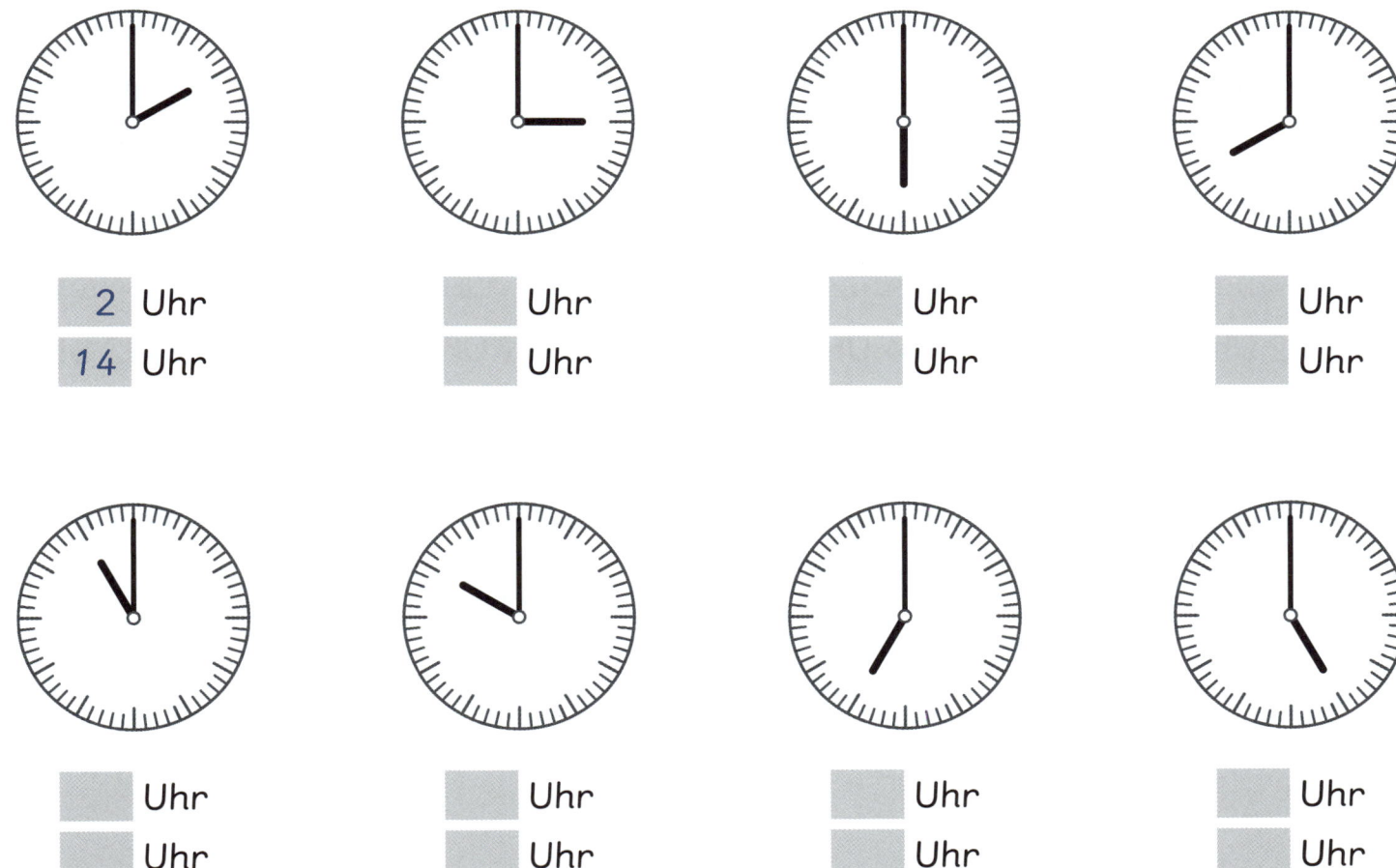

2 Uhr
14 Uhr

☐ Uhr
☐ Uhr

☐ Uhr
☐ Uhr

☐ Uhr
☐ Uhr

☐ Uhr
☐ Uhr

☐ Uhr
☐ Uhr

☐ Uhr
☐ Uhr

☐ Uhr
☐ Uhr

Zeichne den Stundenzeiger ein.

2 Uhr

4 Uhr

9 Uhr

12 Uhr

15 Uhr

22 Uhr

13 Uhr

19 Uhr

Plus- und Minusaufgaben üben

1)

9 + 2 = ☐	9 + 7 = ☐	7 + ☐ = 14	☐ + 6 = 10
8 + 3 = ☐	9 + 6 = ☐	5 + ☐ = 13	☐ + 3 = 11
7 + 4 = ☐	9 + 5 = ☐	3 + ☐ = 12	☐ + 5 = 12
6 + 5 = ☐	9 + 4 = ☐	5 + ☐ = 11	☐ + 3 = 13
5 + 6 = ☐	9 + 3 = ☐	7 + ☐ = 10	☐ + 10 = 14

2)

16 − 8 = ☐	16 − 6 = ☐	14 − ☐ = 5	☐ − 6 = 8
15 − 7 = ☐	17 − 7 = ☐	15 − ☐ = 6	☐ − 7 = 7
14 − 6 = ☐	18 − 8 = ☐	16 − ☐ = 7	☐ − 6 = 6
17 − 8 = ☐	19 − 9 = ☐	17 − ☐ = 8	☐ − 8 = 5
18 − 9 = ☐	20 − 10 = ☐	18 − ☐ = 9	☐ − 7 = 4

8 + 4 = 12 🟡   16 − 8 = ▢ 🔴
6 + 5 = ▢ 🔴   13 − 6 = ▢ 🟢
7 + 8 = ▢ 🔵   19 − 10 = ▢ 🔵
5 + 9 = ▢ ⚫   11 − 5 = ▢ 🟡
8 + 9 = ▢ 🟢   14 − 9 = ▢ 🟠
4 + 6 = ▢ 🟠   12 − 9 = ▢ 🟣

18 − 9 = ▢ 🟡   9 + 6 = ▢ 🔴
11 − 8 = ▢ 🟢   8 + 3 = ▢ 🔵
14 − 7 = ▢ 🔴   9 + 10 = ▢ 🟡
15 − 5 = ▢ 🔵   5 + 9 = ▢ ⚫
12 − 8 = ▢ 🟠   6 + 6 = ▢ 🟢
16 − 10 = ▢ 🟣   9 + 4 = ▢ 🟠

72

Wenn die Enten genau gleich aussehen,
hast du die Aufgaben richtig gelöst.

1

+	2	4	6
3	5	7	
5			
9			

+	4	6	8
4			
6			
8			

2

–	3	5	8
10			
13			
17			

–	2	7	10
12			
15			
20			

3

+	5	7	
1			10
5	10		
	12	14	

–		6	9
13	9		
14			
	14		

73

	12 − 3 =	
13 − 2 =	13 − 3 = 10	13 − 4 =
	14 − 3 =	

	− 6 =	
14 − ‎ =	14 − 6 =	14 − ‎ =
	− 6 =	

	− 1 =	
15 − ‎ =	15 − 1 =	15 − ‎ =
	− 1 =	

	− 9 =	
17 − ‎ =	17 − 9 =	17 − ‎ =
	− 9 =	

	− 5 =	
19 − ‎ =	19 − 5 =	19 − ‎ =
	− 5 =	

1

1 + 7 + 9 = ☐   19 − 6 − 9 = ☐   8 + 5 + 2 = ☐

4 + 4 + 6 = ☐   12 − 3 − 2 = ☐   13 − 5 − 3 = ☐

3 + 8 + 7 = ☐   16 − 8 − 6 = ☐   5 + 6 + 5 = ☐

2 + 6 + 8 = ☐   14 − 7 − 4 = ☐   17 − 4 − 7 = ☐   ☺ 😐 ☹

2

+	0	8	9
2			
4			
6			

−	5	7	4
13			
10			
8			

☺ 😐 ☹

3

☐ Uhr
☐ Uhr

15 Uhr

☺ 😐 ☹

Wie gut kannst du diese Aufgaben? Male das passende Gesicht an.

1

11 + 6 =		
12 + 5 =		
13 + 4 =		
14 + ☐ =		
☐ + ☐ =		

17 + 3 =		
16 + 4 =		
15 + 5 =		
14 + ☐ =		
☐ + ☐ =		

6 + ☐ = 11		
7 + ☐ = 12		
8 + ☐ = 13		
9 + ☐ = ☐		
☐ + ☐ = ☐		

3 + ☐ = 12		
4 + ☐ = 14		
5 + ☐ = 16		
6 + ☐ = ☐		
☐ + ☐ = ☐		

2

19 – 1 =		
18 – 2 =		
17 – 3 =		
16 – ☐ =		
☐ – ☐ =		

13 – 2 =		
14 – 3 =		
15 – 4 =		
16 – ☐ =		
☐ – ☐ =		

15 – ☐ = 8		
14 – ☐ = 7		
13 – ☐ = 6		
12 – ☐ = ☐		
☐ – ☐ = ☐		

☐ – 8 = 2		
☐ – 7 = 4		
☐ – 6 = 6		
☐ – 5 = ☐		
☐ – ☐ = ☐		

Richtig oder falsch?

1 Richtig ✓ oder falsch ✗ ?

12 + 1 = 13 ✓ _____   8 + 4 = 11 ⬜ _____

14 + 3 = 16 ✗ 14 + 3 = 17 _____   7 + 8 = 14 ⬜ _____

15 + 4 = 20 ⬜ _____   9 + 3 = 12 ⬜ _____

2 13 − 1 = 12 ⬜ _____   12 − 4 = 8 ⬜ _____

14 − 3 = 10 ⬜ _____   17 − 7 = 9 ⬜ _____

15 − 4 = 11 ⬜ _____   19 − 9 = 10 ⬜ _____

3 14 + 2 < 18 ⬜ _____   11 − 3 > 7 ⬜ _____

15 + 3 < 19 ⬜ _____   12 − 6 > 6 ⬜ _____

16 + 2 < 17 ⬜ _____   15 − 7 > 8 ⬜ _____

Rechendreiecke und Rechenmauern

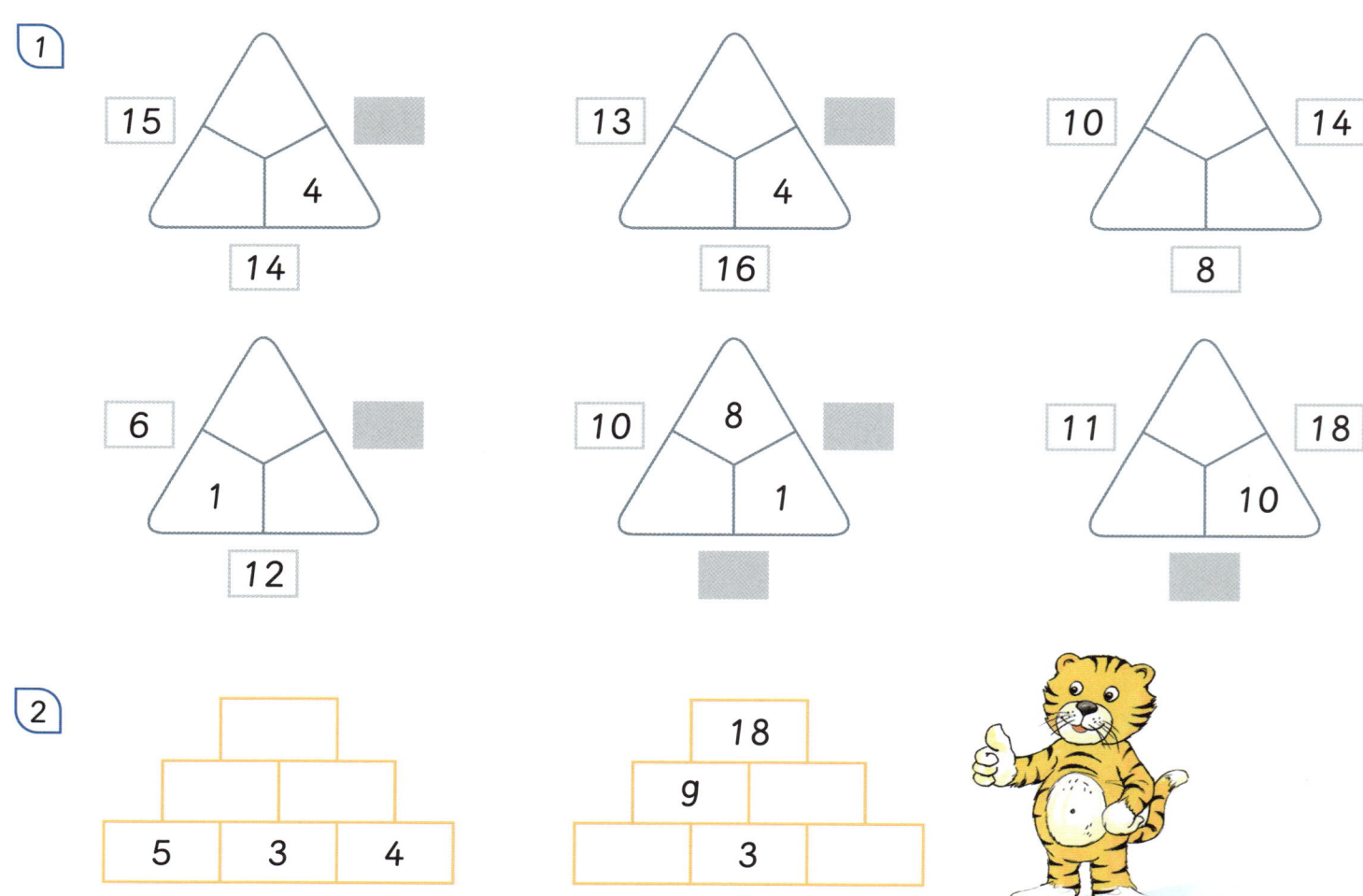

1

15	(grey box)
4	
14	

13	(grey box)
4	
16	

10	14
8	

6	(grey box)
1	
12	

10	8	(grey box)
1	
(grey box)	

11	18
10	
(grey box)	

2

5	3	4

18
g	
3

78

Über den Zehner – Plus und minus

1

| 6 | 13 | 7 |

$6 + \boxed{} = 13$

$7 + \boxed{} = 13$

$13 - \boxed{} = 7$

$13 - \boxed{} = 6$

| 4 | 12 | 8 |

$\boxed{} + \boxed{} = \boxed{}$

$\boxed{} + \boxed{} = \boxed{}$

$\boxed{} - \boxed{} = \boxed{}$

$\boxed{} - \boxed{} = \boxed{}$

| 9 | 17 | 8 |

$\boxed{} + \boxed{} = \boxed{}$

$\boxed{} + \boxed{} = \boxed{}$

$\boxed{} - \boxed{} = \boxed{}$

$\boxed{} - \boxed{} = \boxed{}$

2

+	5	8	10
4			
7			

+		7	
8			17
6	12		

3

−	4	6	9
13			
15			

−	5		
16		9	
11			3

$18 - 4 = \boxed{14}$ 🟡

$6 + 9 = $ 🔴

$17 - 8 = $ 🔵

$5 + 7 = $ 🟠

$15 - 8 = $ 🟣

$14 + 4 = $ 🟢

$11 - 8 = $ 🔴

$13 + 6 = $ 🟢

$13 - 5 = $ 🔵

$11 + 5 = $ 🟡

$12 - 10 = $ 🟠

$14 - 9 = $ 🟣

$8 + 6 = $ 🟡

$20 - 8 = $ 🟢

$14 + 6 = $ 🔴

$15 - 0 = $ 🔵

$12 - 8 = $ 🟠

$16 - 10 = $ 🟣

$0 + 18 = $ 🔴

$11 - 6 = $ 🔵

$9 + 4 = $ 🟡

$3 + 7 = $ 🟠

$16 - 5 = $ 🟣

$12 - 9 = $ 🟢

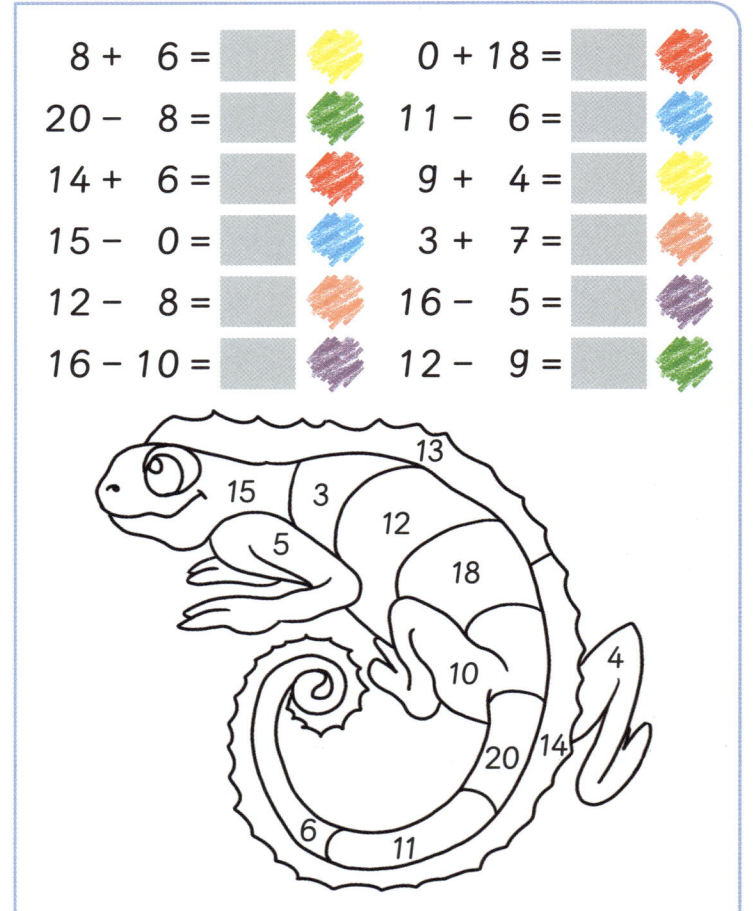

80

Wenn die Chamäleons genau gleich aussehen,
hast du die Aufgaben richtig gelöst.